稻盛和夫的人生忠告

胡胜林◎编著

中国纺织出版社

内 容 提 要

稻盛和夫是日本经济界的传奇人物，他从一个平庸的孩童成长为叱咤商界的企业领袖，并且创造2个“世界500强”企业的奇迹，他的奋斗史无疑是对我们人生旅程的激励。

本书围绕稻盛和夫的人生经历、精彩话语和著作展开，结合现代人的实际生活与案例，从人生观、价值观等诸多方面给予读者启示，是一座年轻人必须探索的人生智慧宝库。

图书在版编目（CIP）数据

稻盛和夫的人生忠告/ 胡胜林编著. —北京：中国纺织出版社，2013.1（2023.6重印）

ISBN 978-7-5064-9227-0

Ⅰ.①稻… Ⅱ.①胡… Ⅲ.①稻盛和夫—人生哲学 Ⅳ.①K833.135.38②B821

中国版本图书馆 CIP 数据核字(2012)第 235889 号

策划编辑:闫　星　　责任编辑:曲小月　　责任印制:储志伟

中国纺织出版社出版发行

地址:北京东直门南大街6号　邮政编码:100027

邮购电话:010—64168110　传真:010—64168231

http://www.c-textilep.com

E-mail:faxing@c-textilep.com

永清县晔盛亚胶印有限公司印刷　各地新华书店经销

2013年1月第1版　2023年6月第2次印刷

开本:710×1000　1/16　印张:17

字数：200千字　定价：78.00元

前言

每个人都有追求梦想的权利，每个人都希望自己成为一个优秀的人，有朝一日能够攀登上生命旅程的最高峰。然而，对于大多数人来说，梦想始终只是梦想；也有一些人，他们在追求梦想的过程中，迷失了自己，甚至不惜触犯法律。因此，在人们追求梦想的过程中，为自己寻找一个行为的典范是极为必要的。曾被人们誉为日本经营之神的稻盛和夫就是优秀和成功的代名词，是无数年轻人和创业者学习的榜样。

稻盛和夫，1932 年出生于日本鹿儿岛，鹿儿岛大学工学部毕业。27 岁创办京都陶瓷株式会社，52 岁创办第二电信移动电话集团（原名 DDI，现名 KDDI，目前在日本为仅次于 NTT 的第二大通讯公司），这两家公司又都在他的有生之年进入世界 500 强。而就在 2010 年 2 月 1 日，稻盛和夫接盘要申请破产保护的日航，截至 2011 年 3 月，日航盈利创造全球航空公司第一的纪录。

稻盛和夫能取得如此大的成就，并不是因为他有什么超越常人的特殊天赋，也不是因为他有什么优越的先天条件，恰恰相反，稻盛和夫出生在一个再普通不过的家庭,上学时成绩很不理想,考试常常不及格。不仅如此,他的命运也很坎坷。上小学时,他染上了肺结核,差点病死;高考失利,没有进入心仪的大学;大学毕业后,想要靠自己在社会上打拼一番,却遭遇了经济危机,各个企业都在裁员,毕业生找工作更是艰难。最后在大学教授的帮助下,他才得以进入了京瓷公司,然而,他很快发现这家企业已濒临破产。

稻盛和夫所遇到的种种境遇,比之现在的很多年轻人要困苦许多,然而稻盛和夫并没有像现在的年轻人一般随波逐流,就此消沉下去,庸庸碌碌地过一辈子。他始终坚信,只要付出比别人更多的努力,就一定可以成就一番事业,他是这样想的,也是这样坚持做下去的。他在濒临倒闭的陶瓷厂实验室里,一次又一次地进行试验,终于发明了新的陶瓷产品,并且挽救了陶瓷厂。之后,他一步步走上了国际创业者先驱的行列。

稻盛和夫的经历,给予了人们重要的启示,稻盛和夫自己也将此总结为一个成功方程式:人生·工作的结果=思考方式×热情×能力。稻盛和夫认为一个人不仅要有能力,还需要以燃烧的激情对待人生和工作,当然更重要的是有正确的思考方式。当一个人对目标有着强烈的持续的渴望时,苦苦思索体悟,就可能在事先“清晰地看见”那个崭新的结果。

本书对稻盛和夫的人生哲学进行了全面总结和系统阐释,根据稻盛和夫的亲身经历与感悟总结出16个忠告,期待能够给予每个渴望在人生中有所建树的人指导和借鉴。

稻盛和夫的人生哲理值得每个人用心拜读，翻开本书，你会感到其好似一位饱经沧桑的老人在那里口若悬河而又言之有物。书的章法严紧，逻辑顺畅，只要你认真阅读它，必会有所收获！

编著者
2012 年 10 月

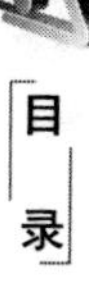

目录
CONTENTS

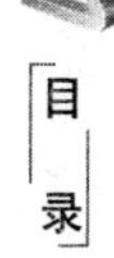
目
录

怀抱梦想:年轻因梦想而伟大

能用自己的力量去创造自己美好人生的人,一定拥有超大的梦想和超过自身能力的愿望。——稻盛和夫

稻盛和夫说:“人生是思维所结的果实,这种想法已经构成许多成功哲学的支柱。”年轻人思维活跃,年轻就是资本,就是力量,有着无穷无尽的精力为梦想拼搏,年轻因梦想而伟大。而当今社会,需要的正是目标高远、行胜于言的人才。因此,任何一个年轻人,无论是工作、学习还是生活,都应为自己树立一个明确的目标,只有这样,才能找到前进的方向,才能攫取成功的果实!

人生的道路都是由心来描绘的

我们都知道，喷泉的高度不会超过它的源头；一个人的成就不会超过他的信念。因此，如果我们想让行动领先一步，梦想就必须超前一些。伟大而卓越的人，之所以能够永无止境地创造和超越，就在于他们拒绝接受平庸，他们追求卓越，所以他们功成名就。正如日本京都陶瓷株式会社社长稻盛和夫所言："人生是思维所结的果实，这种想法已经构成许多成功哲学的支柱。根据我自身的人生经验，我也坚定一个信念，那就是'内心不渴望的东西，它不可能靠近自己'。亦即，你能够实现的，只能是你自己内心渴望的东西，如果内心没有渴望，即使能够实现的也实现不了。"的确，我们的人生是怎样的，就取决于内心的愿望和渴望。有梦想的人，可以化渺小为伟大，化平庸为神奇。

现代社会的年轻人，如果你想活出一个不平凡的人生，如果你想成为一个成功的人，那么，从现在起，就尽早为自己树立一个足以为之奋斗的理想吧。一个连想都不敢想的人又怎么会成功呢？

美国钢铁大王卡内基，少年时代从英格兰移民到美国，当时真是穷透了，正是"我一定要成为大富豪"这样的信念，使得他于19世纪末在钢铁行业大显身手，而后涉足铁路、石油行业，成为商界巨富。

理想影响行动，行动影响结果，这是一连串的因果效应。想成功，自然也要有超前的理想和信念。而年轻就是力量，就是希望，这句话不假，那么，你还在担心什么呢？无论做什么，即使失败了，还有机会重新开始。

推销大师吉拉德的成功，也是源于他相信自己能成功的信念。

小时候吉拉德的父亲总是给他灌输一种消极的思想——"你永远不会有出息，你只能是个失败者"。这些思想令他害怕。而吉拉德的母亲却相

反，她给他灌输的是一种积极的思想：对自己有信心，你绝对会成功的，只要你想成为什么，你就能做到。从父母那里，吉拉德时时受到两种相反的力量的作用，这两种力量一方面令他害怕，另一方面也让他产生信心。而最终，母亲传输给他的这种思想胜利了，这就是为什么他能实现自己梦想的原因。

小的时候，推销大师吉拉德整日沿街卖报，在酒吧里替人擦鞋，还做过洗碗工、送货员等，长大后做过电炉装配工和住宅建筑承包商，并曾经换过许多个工作，但没有一个能做出成绩的，也就是说35岁以前，他是个彻底的失败者。

后来，有朋友介绍吉拉德去一家经销汽车的公司，推销经理哈雷先生起初很不乐意。

“你曾经推销过汽车吗？”他问道。

“没有。”

“为什么你觉得自己能够胜任？”

“我推销过其他东西——报纸、鞋油、房屋、食品，但人们真正买账的是我，我推销自己，哈雷先生。”

吉拉德并不在意自己已经35岁，也不在乎人们所认为的推销是年轻人干的这个观念。

哈雷笑笑说：“现在正是严冬，是销售淡季，假如我雇用你，我会受到其他推销员的责难，再说也没有足够的暖气房间给你用。”

生存的威胁已经使吉拉德变得更加坚强。“哈雷先生，假如你不雇用我，你将犯下一生最大的错误。我不要暖气房间，我只要一张桌子、一部电话，两个月内将打败你这里的最佳的推销员的纪录。”吉拉德信心十足，但实际上并没有把握。

哈雷先生终于在楼上的角落给吉拉德安排了一张满是灰尘的桌子和一部电话。就这样，吉拉德开始了自己新的事业。

哈雷先生无法相信，在两个月内，吉拉德真的实现了自己许下的诺言，他打败了公司中所有推销员的业绩，还偿还了10万美元的负债，同时也买回了自尊！

吉拉德的推销故事再一次验证了稻盛和夫的观点——内心不渴望的东西，它永远不可能靠近自己，你必须得具有强烈的渴望成功的愿望，这一点非常重要。信心能使人产生勇气。假使我们对自己都没有信心，世界上还有谁会对我们有信心呢？也就是说，一个人的信念是他一切行动的开始，也是他能否成功的重要因素。一个人的成果不会超过信念本身。

的确，生活中，很多年轻人也充满理想，但一旦把自己的理想和现实联系起来的时候，他们就退却了，就认为不可能，而这种"不可能"一旦驻扎在心头，就无时无刻不在侵蚀着他们的意志和理想，许多本来能被他们把握的机遇也便在这"不可能"中悄然逝去。其实，这些"不可能"大多是人们的一种想象，只要你能拿出勇气主动出击，那些"不可能"就会变成"可能"。试想一下，稻盛和夫先生在创业之初的重誓，当时仅有8人。而四十多年后，稻盛和夫就成为迄今为止世界上唯一一位一生缔造两个世界五百强企业的人。这不证明了"没有什么不可能"的道理吗？

为此，年轻人们，从现在起，需树立一个正确的理念，并调动你所有的潜能加以运用，努力提升自己的能力，让你的信念和理想带你脱离平庸的人群，为未来步入精英的行列打好基础！

激情与梦想，实现精彩人生

年轻就是力量，任何一个年轻人，周身都散发着青春的气息，对于未来，他们都怀着无限的憧憬，并希望自己在未来有所成就。但这一切必须以梦想为动力,以激情为前提,只有充分地发挥它,勇敢地激活它,你才能够做到想要多聪明就有多聪明,想要多大能力就有多大的能力。稻盛和夫在经营京瓷公司的时候,也正是因为怀着“必将京瓷公司发展为世界第一大陶瓷公司”这一梦想,才逐步实现了自己的愿望。

当然,稻盛和夫现在的成就已经远不止成功经营京都陶瓷公司了,他在52岁还创办第二电信移动电话集团(原名DDI,现名KDDI,目前在日本为仅次于NTT的第二大通讯公司),这两家公司都在他的有生之年进入世界500强,两大事业皆以惊人的力道成长。

另外,面对已经申请破产的日本航天公司,2010年1月13日,稻盛和夫公开表态愿意重新出山,任日航CEO。在稻盛和夫担任日航CEO的424天里,日航一年创造了日航历史上空前的1884亿日元的利润,是“全日空”利润的三倍,在2011年全世界航空公司中利润第一。稻盛和夫之所以能让日航起死回生,可以说也是激情与梦想的结果。

因此,年轻人,无论多么遥远的梦想,你要强烈地告诉自己:“我一定要实现梦想”,并为自己祈祷,将这种愿望渗透到意识中去,并不断地为自己的梦想努力,那么你就一定能够成功。

孟列是个保险推销员,他非常喜欢打猎和钓鱼。有一天,当他依依不舍地离开心爱的鲈鱼湖,准备打道回府时突发异想:在这荒山野地里会不会也有居民需要保险?他可不可以沿铁路向这些铁路工作人员、猎人和淘金者拉保呢?

孟列在想到这个主意的当天就开始了积极计划。他向一个旅行社打听清楚以后,就整理行装。他不肯停下来让恐惧乘虚而入,因为在他看来,自己吓自己会使自己的主意变得荒唐,以为它可能失败。他也不左思右想找借口,他只上船直接前往阿拉斯加的“西湖”。

孟列沿着铁路走了好几趟,那里的人都叫他“走路的孟列”,他成为那些与世隔绝的家庭最欢迎的人,不只因有人愿意跟他们打交道,还因为他是第一个来向他们推销保险的人。

在孟列把突发的一念付诸实行以后，他一年之内就做成了百万元的生意，因而赢得"百万圆桌"上的一席地位。

从孟列的成功故事中，我们更加验证了一个道理，把对梦想的追逐化作激情，是成功的保证，也是获取成功永远不变的法则。不要给自己停下来左思右想的机会，更不要驻足，勇敢往前走，成功就在前方！

所以，为自己编织一个伟大的梦想吧，也许你会说，现在每天的生活已经平淡无奇甚至被高强度的工作压得筋疲力尽了，梦想早就已经化为云烟随风远去了。但请记住，能用自己的力量去创造自己美好人生的人，一定拥有超大的梦想和超过自身能力的愿望。稻盛和夫成为一个成功的企业家的原动力，也是源自于他年轻时拥有的强烈愿景和高远目标。

有些年轻人认为，我不够聪明，我天生愚钝等，我怎么可能会成功？在这种心态下，他们甘愿庸庸碌碌，看不到自身蕴含的潜能，也失去了学习的动力。而实际上，人与人在智力上，并没有多大差异。

爱因斯坦是举世公认的20世纪的巨匠。他死后，科学界对他的大脑进行了一番研究。结果表明，他的大脑无论是体积、重量还是构造或脑细胞，与同龄的其他人一样，没有区别。因此，年轻人，不要再认为自己天资愚钝而不可能成功了，你也是聪明的。因为我们绝大多数人在降临人世时，条件都是相同的，并无优劣之分，后来由于受到不同环境、不同人生经历的磨炼，给予大脑不同质量的刺激，才产生了人与人之间的差异。

每个人心中都会有一个属于自己的梦想，但紧张的工作、学习、生活，可能会让你搁浅心中的梦想。然而也正是因为失去了梦想，你才会显得无力，没有热情。任何人的潜能只有具有一个伟大的动力，才会被最大限度地激发出来。因此，不要犹豫了，为理想奋斗吧，你的人生才会有别样的精彩。

其实，我们不难发现，那些成功者的梦想也是源自生活的，而那些平庸者就是缺乏对生活有敏锐的洞察力。即使这二者处于同样的环境中，但前者更能从中得到一些重要的暗示，受到一些启发，而后者则是稀里糊涂、得过且过地生活。

梦想是行动的原动力,没有梦想的人就不可能有创造性,无法获得成功,也不可能成长为有用的人。为什么呢?因为通过描绘梦想、锐意创新、不断努力,人格才能够得到不断地磨炼。为此,稻盛和夫说:“梦想和愿望就是人生的跳板。”

那么,当你曾经静下心来、品尝一杯咖啡的时候,当你与友人谈笑风生的时候,当你阅读他人成功宝典的时候……你有没有激发出自己内心关于梦想的火花呢?

努力是从平凡升华为非凡的必要阶梯

我们都知道,人的潜能是无限的,它是人的能力中未被开发的部分,它犹如一座待开发的金矿,蕴藏无穷,价值无比。一个人最大的成功,就是他的潜在能力得到最大程度的发挥。但这一前提是,无论你的理想多么崇高,要实现你的力量就必须勤奋努力,朝着目标一步一步地迈进。

然而,现今社会,好高骛远、不脚踏实地是很多年轻人的通病,他们是思想上的巨人、行动上的矮子,信誓旦旦决定做一件事,但到实施的时候,却做不到一步一个脚印,每天朝目标迈一步,经常三分钟热度,做不到持之以恒。要知道,任何事情的成功都不是一蹴而就的,需要做出一点一滴的付出。小事成就大事,在每件小事上认真的人,做大事一定成绩卓越。可以说,稻盛和夫的成功来自于他早年的愿望,更是坚持与努力的结果。

刚开始,京瓷公司规模很小,不满百人,并且这家公司当初还是一家乡村工厂,但那个时候,稻盛和夫就和员工一起立下了“要将这家公司发展为世界一流的公司”的宏伟志愿。“尽管她还是一个遥远的梦想,但我内心有个强烈的愿望,就是渴望实现梦想并证明给大家看。”稻盛和夫在自己的书

籍《活法》中写道。

不难发现，那时候的稻盛和夫的眼界是高的，但在接下来的很多年内，他不仅坚持自己的梦想，更是把自己的梦想融入到了实际行动中。他和他的员工一样，在现实中的每一天，都在竭尽全力重复简单的工作。为了继续昨日的工作，他们不得不挥洒汗水，一毫米、一厘米地前进，把横在眼前的问题一个个解决掉，时间就这样在看似微不足道的日子中度过了。

可能很多年轻人会问："每天重复同样的工作，哪年哪月能成为世界一流公司呢？"的确，在创业的过程中，稻盛和夫屡受打击，经历过失败，但他认为，人生只能是"每一天"的积累与"现在"的连续。

"此刻的这一秒钟聚集成一天，这一天聚集成一周、一个月、一年，等发觉时，已经站在了先前看上去高不可攀的山顶上。这就是我们人生的状态。"

年轻人，你们也应该谨记稻盛和夫的这句话和这种追求成功的、不懈努力的人生状态。没有小，就没有大；没有低级，就没有高级。每天那些点滴的小事中都蕴含着丰富的机遇，伟大的成就都来自每天的积累，无数的细节就能改变生活。

即使你的目标是短视与功利的，但是，如果不过完今天一天的话，那么明日就不会来访。到达心中向往的地点，没有任何捷径。"千里之行，始于足下"。无论多么伟大的梦想都是一步一步、一天一天积累，最终才能实现的。

60 年前，加拿大一位叫让·克雷蒂安的少年，说话口吃，曾因疾病导致左脸局部麻痹，嘴角畸形，讲话时嘴巴总是向一边歪，而且还有一只耳朵失聪。听一位医学专家说，嘴里含着小石子讲话可以矫正口吃，克雷蒂安就整日在嘴里含着一块小石子练习讲话，以致嘴巴和舌头都被石子磨烂了。

母亲看后心疼地直流眼泪，她抱着儿子说："孩子，不要练了，妈妈会一辈子陪着你。"克雷蒂安一边替妈妈擦着眼泪，一边坚强地说："妈妈，听说每

一只漂亮的蝴蝶，都是自己冲破束缚它的茧之后才变成的。我一定要讲好话，做一只漂亮的蝴蝶。”

功夫不负有心人。终于，克雷蒂安能够流利地讲话了。他勤奋且善良，中学毕业时不仅取得了优异的成绩，而且还获得了极好的人缘。

1993 年 10 月，克雷蒂安参加加拿大总理大选时，他的对手大力攻击、嘲笑他的脸部缺陷。对手曾极不道德地说：“你们要这样的人来当你们的总理吗?”然而，对手的这种恶意攻击却招致大部分选民的愤怒和谴责。当人们知道克雷蒂安的成长经历后，都给予他极大的同情和尊敬。在竞选演说中，克雷蒂安诚恳地对选民说：“我要带领国家和人民成为一只美丽的蝴蝶。”结果，他以极大的优势当选为加拿大总理，并在 1997 年成功地获得连任，被国人亲切地称为“蝴蝶总理”。

一个口吃少年变成人人敬仰的“蝴蝶总理”，他真的如蝴蝶一样，实现了自己人生的蜕变。在他的成功之路上，真正的动力就是辛勤和努力。虽然他刚开始有缺陷，但也正是这些缺陷的存在，才使得他认识到幸福与尽早努力的关系。

事实上，有很多和稻盛和夫一样成功的人，他们白手起家，创下了自己的辉煌。的确，很多看似卑微的工作却正是最伟大的事业，卖拉链的、做纽扣的都能跻身世界 500 强。贫穷的人没有创业资金，可以从那些别人看不起的行业做起，可能一不小心就跨人了世界 500 强之列。

世界上许多伟大的事业都是由点点滴滴的细节小事汇集而成的。在小节上能够表现好的人，他在成功之路上一定会少许多漏洞。相反，如果一个人不能关注细节问题，往往会因小失大，自毁前程。完美的细节代表着永不懈怠的处世风格，也是一个人追求成功的资本。

年轻人，你是不是对每天两点一线的学习生活已经厌倦了？你是不是渴望和那些青年人一样去闯荡？你是不是希望能有一个成功的机会？你是不是认为自己有粗心大意的毛病？那么，从现在起，对待生活、学习上的任何一件事，你不妨都予以关注，关注其细节是否完善。从细节入手，你会发

现，你也可以变得卓越！

稻盛和夫曾说："不要把今天不当一回事，如果认真、充实地度过今天，明天就会自然而然地呈现在眼前了。如果认真地度过明日，那么就可以看见一周。如果认真地度过一周，那么就可以看见一个月……即使不考虑以后的事而全力以赴过好现在每一瞬间，先前还未能看见的未来之像就自然而然地可以看见了。"

其实，"机遇是留给有准备的人"这句话是有道理的。美国篮球名将乔丹对此深有体会，他说："机会是为有准备的人而准备的。抓紧所有的时间，让力量发挥到极致，那些斑斓多彩的机会，就会一个个来到这些人面前了。"因此，现阶段，你要做的就是为未来做准备、充实自己的内在。

强烈的念头会发展成具象

人们常说"梦有多大，舞台就有多大"，这就是信念的力量。任何梦想和信念，只有在屹立不倒的情况下，才会产生作用，才会指引我们走向胜利，这就是必胜的信念。现代社会，很多年轻人，没有经历过社会的洗礼和锤炼，对于失败和成功并没有多少概念，但从现在起，你必须认识到信念的力量，那么，在未来的生活、工作中，即使你遇到挫折，你也将懂得在陷入困境时，点燃自己手中仅有的信念的"火种"，去战胜黑暗、摆脱困境，给自己带来光明。

稻盛和夫说："成功的基础是强烈的愿望。也许有人认为这种说法不科学，是单纯的精神论。但是，不断地想，不断地去思考，我们就将在头脑中'看得见'即将实现的现实。"

当然，任何信念，如果单纯停留在不鲜明的想象上，是没有任何意义的，而应该把这种抽象的意向浓缩为现实的行动，如若不进行深思、不认真开展活动，那么创造性的工作及其成功的人生也是没有把握的。

的确，初入社会的年轻人，你们有时候也是软弱的，可能你们一件事情还没做，便去考虑失败后的结果，这样必然会导致内在潜能得不到充分的调动与发挥。要避免与摆脱这种心理上的失衡，就必须时时表现出一种强者的风范，敢于面对困难与挫折，并始终怀着必胜的信念去克服、战胜困难，坚定不移地朝着成功的目标迈进。因而有意识地培养自己的“强者”意识，可以说，是度过心理危机的良方。

17 岁的列宁，满怀理想考入了喀山大学。在接受共产主义的先进思想后，列宁的世界观和人生观都发生了彻底的改变。他不仅努力学习专业知识，而且积极投入了实现共产主义的政治活动中。但不久，他就被学校开除了。

“你们可以开除我的学籍，但开除不了我求知的心，我要在校外上大学！”就这样，列宁抱着这个坚定的信念，开始了刻苦自学的历程。

他搬到喀山市近郊的一个小村庄。这里到处是茂密的森林，环境十分幽静。每天天刚蒙蒙亮，列宁就从茅屋里走出来，开始了一天紧张地读书生活。

他时而大声朗诵，时而轻声默读，时而奋笔疾书。直到太阳落山，他才踱回屋子里。很快，茅屋的窗下又出现了列宁挑灯夜读的身影。一天天，一月月，他总是这样紧张有序地学习着。

一年过去了，他自学完了大学的全部课程。后来，他以校外生的资格参加了彼得堡大学的毕业考试。出乎所有人的意料，他在所有考生中名列第一，获得了甲等毕业证书。

列宁并不是天才，但却以饱满的热情投入到各种学习中，正是这种学习的热情，让他自学了大学的全部课程，从而为其后来投入共产主义事业奠定了基础。可见，任何理想和梦想，只有具备必胜的信念并付诸行动，我们那蕴藏着的潜能才能被挖掘出来。生活中的年轻人，你也要把列宁当成自己的学习榜样，和他一样，始终燃烧着求知的心。从现在起，开始发掘自己的潜能并为之努力吧，无论别人对你的评价如何，无论你面前有多大阻力，只要相信自己，相信你自己的潜能，并做出积极不懈的努力，你就会有所成就。

可能也有一些年轻人，一直以来，他们都是在父母的呵护甚至是溺爱下长大的，对失败和挫折的承受力有限。有时候，一次生活上的挫折或事业上的失利，就使得他们一蹶不振甚至放弃信念和理想，他们看到的是最终失败的结局而不是成功，在这种错误观念的支配下，又怎么能过五关斩六将、最终赢得成功呢？

信念是一种无坚不摧的力量，当你坚信自己能成功时，你必能成功。许多人一事无成，就是因为他们低估了自己的能力，妄自菲薄，以至于缩小了自己的成就。信念能使人产生勇气。成功的契机，是建立自己的信心和勇气。

每个年轻人，都应该从列宁和稻盛和夫的成功中感受到信念的力量，那么，从现在起，开始为你的信念奋斗吧。首先，假想你现阶段的目标已经实现，以此获取良好的心理状态，这样，反过来，当你在追逐目标过程中，即使你遇到了各种困难，也会因为自我造就的心理成就感而促使你朝着成功的目标迈进。其次，要给自己打气，确信自己的信念。任何时候，都要自己给自己打气，确信自己的看法。心中默念：我想我可以，我可以坚持做好，那么，你就能一直以良好的状态达到目标的。这其中的过程，一直需要有必胜的信念在引领着你前进。

细致谨慎：出头需要缜密的计划

如果自己心中有“我做得到”的坚定信念，能够描绘已经实现的景象，就应该大胆宣传这个设想。——稻盛和夫

新时代的任何一个年轻人，都是渴望成功的，渴望出人头地，闯出自己的一片天地，但成功并不是空有满腔热血，看那些成功人士，无不是在冒险中求稳定、胆大而心细。稻盛和夫亦是如此，为此，稻盛和夫给所有年轻人一个忠告：对于梦想和信念，一定要乐观向上，坚信自己能成功，而对于现实行动，绝不能胆大妄为，在关键时候，即真正要干的时候要特别慎重，反复推敲，小心谨慎。也就是说，出头一定需要缜密的计划。

成功的两大因素:缜密计划和前期准备

当今社会是充满风险和变数的社会,无论我们做什么,都不会一帆风顺,尤其是对于缺乏社会经验的年轻人来说,更是处处充满危险。但是不要认为减少风险的方法就是不去冒险,相反,不去冒险是最大的危险。在风险中求生存和发展,在风险中寻找机遇,做到多做准备,将危险系数降到最低,这才是一种理智的冒险,才更有把握成功。

有记者问稻盛和夫:“作为两个世界500强企业的缔造者,你被尊称为“经营之圣”,你认为企业经营成功的最大秘诀是什么? 稻盛和夫的回答是:“成功的两大因素:缜密计划和前期准备。”

稻盛和夫是个爱思考的人,在他经营公司的过程中,每当他头脑里灵光闪现、出现新的想法时,他都会召集干部们加以讨论。面对这样的讨论,不同的人给稻盛和夫的意见是不一样的。“那些从大学里出来的高材生们反应冷淡,多数时候甚至向我说明这个主意是多么脱离现实、多么欠斟酌。他们的话也有一番道理,分析也非常敏锐,列举的全是不可行的理由。因此,再好的主意在遭到泼冷水后就会凋谢,本来可以做成的事情也做不成了。”

在稻盛和夫的热情几次被浇灭后,他发现,应该彻底更换一下商量的对象,这些大学生们很聪明,但思维太悲观。因此,他决定和那些积极的人讨论,他们会告诉他:“这样很有趣,试试吧。”即使这些人在日常工作中挺马大哈的,但至少他们的意见是有鼓舞作用的,因为在一件事情的推敲设想阶段,很需要这种积极的乐观态度。

事实证明,稻盛和夫是个“兼听”的人,他深知,积极的态度有利于梦想的设立,但在设想向具体计划转移时,则应该以悲观理性的分析为主,必须想象所有可能存在的风险,慎重、小心、严密地推敲计划。当然,大胆和乐观

在这一阶段始终是有效的。

因此，我们不仅要有破釜沉舟的决心，还要有缜密的思维和计划。机遇也总是会留给那些有准备的人。

20世纪80年代，美国有一家著名的机械制造公司叫维斯卡亚公司，这家公司生产的产品远销全世界，因此，它实力雄厚，并代表着当时重型机械制造业的最高水平。大公司门槛高这句话是有道理的，很多毕业生到这家公司求职，但都被拒绝，因为该公司的高技术人员爆满，不再需要各种高技术人才。但丰厚的待遇和令人羡慕的社会地位还是让很多人削尖了脑袋前来求职。

这群求职者里有个叫史蒂芬的人，他是哈佛大学机械制造业的高材生。和许多人的命运一样，在该公司每年一次的用人测试会上他被拒绝了。史蒂芬并没有死心，他发誓一定要进入维斯卡亚重型机械制造公司。于是，他决定先“混”进这家公司再说。他先找到公司人事部负责人，提出可以无偿为这家公司提供劳动力，只要能让他进这家公司，哪怕不计报酬也能完成公司安排给他的任何工作。这位负责人起初觉得这简直不可思议，但考虑到不用任何花费，在利益的引诱下，便答应了，并安排他去车间扫废铁屑。

这份工作是没有报酬的，斯蒂芬还得养活自己，于是，一年的时间里，他白天在这家公司勤勤恳恳地工作，晚上还得去酒吧打工。

令斯蒂芬失望的是，虽然他得到了所有同事和负责人的认同和好感，但公司却并没有提及正式录用他的事。但机会很快来了。那是90年代初，公司的许多订单纷纷被退回，理由均是产品质量问题，为此公司蒙受了巨大的损失。公司董事会为了挽救颓势，紧急召开会议商议对策。当会议进行很长时间却未见眉目时，史蒂芬果断地闯入会议室，提出要见总经理。

在会上，史蒂芬慷慨陈词，对公司出现这一问题的原因作了令人信服的解释，并且就工程技术上的问题提出了自己的看法，随后拿出了自己对产品的改造设计图。这个设计非常先进，恰到好处地保留了原来机械的优点，同时克服了已出现的弊病。总经理及董事会的董事见到这个编外清洁工如此

精明在行，便询问了他的背景以及现状，而后，史蒂芬被聘为公司负责生产技术问题的副总经理。

原来，斯蒂芬这是退而求其次的一种办法，当他被拒绝后，他想方设法留在这家公司，是为了更彻底地了解这家公司。于是，他在做清扫工时，利用清扫工到处走动的特点，细心察看了整个公司各部门的生产情况，并一一作了详细记录，发现了所存在的技术性问题并想出了解决的办法。为此，他花了近一年的时间搞设计，获得了大量的统计数据，为会上的出色表现奠定了基础。

斯蒂芬为什么能一举成功，让公司高层领导对其能力加以肯定，并由一名小小的清洁工成功晋升为技术问题副总经理？原因很简单，他懂得厚积薄发、伺机而动，因为他做足了充分的准备工作，在该公司最需要自己的时候及时出现，以自己过硬的专业知识帮其解决了这项技术问题。我们设想一下，假如他空有为公司担当的勇气而没有一个完备的表现自己的计划，没有过硬的实力，那恐怕这种表现只会适得其反。

因此，年轻人，在你实现梦想的过程中，不妨记住稻盛和夫的话：一旦到从计划转入落实阶段，则再次基于乐观论，坚定不移地开始行动。也就是说，"乐观地设想、悲观地计划、愉快地执行"。这在成就某些事情、变愿望为现实上是非常必要的。

关于这一点，稻盛和夫也聆听过冒险家大场满郎的一席话：

大场先生是世界上第一个独自徒步横跨北极和南极的人。曾经，京瓷公司作为他的探险活动的赞助者，大场先生便当面向稻盛和夫致谢。

见面后，他们自然而然地就探险活动聊了起来。

刚开始，稻盛和夫便称赞大场先生这种挑战生命极限的勇气，但令稻盛和夫不解的是，不知道为什么大场先生似乎并不接受自己的恭维，反而面露难色，并立即给予否定。

"不是，我没有勇气，甚至还是一个胆小鬼。由于胆怯，我不得不小心谨慎地进行了准备。恐怕这是此次成功的主要原因。相反，如果冒险家只是一味的胆大,就会直接导致死亡。”

可以说,大场先生的这句话并不只是谦虚,而是向所有冒险的年轻人表明一个道理,虽然万事事在人为,“无畏是灵魂的一种杰出力量”,但如果没有胆小、慎重、小心做后盾,所谓的勇气也不过是蛮勇。

血气方刚、敢闯敢做是每个年轻人的特点,但同时,缺少历练的他们又缺少一些理智。于是,他们更容易做出果断的决定,粗心大意也容易使他们忽略细节上的问题,而这些,都构成了失败的因素。所以年轻人,你也要让自己拥有这种成功者的品质,要知道冒险精神要求的首先是勇敢精神,而不是盲目冒险。成功只光顾那些心思缜密、善于规划的人。

考虑周全的话,就一定能实现

古人云:“凡事预则立,不预则废。”大到国家,小到个人,做事的时候都要有计划性,只有做到缜密行事、步步为营,才能多一份胜算。大凡要把一件事情做好,一般都要经历资料收集、深入调查、分析研究、最终下结论这样一个过程。

诚然,我们已经肯定了理想和愿望在追求成功的道路上的重要性,正如稻盛和夫所说:“人生中,在要成就某件事的时候,应该以一状态为目标,‘深刻思考直至清晰看见’。换言之,就是要有持续的强烈的愿望。设定一个更高的合格线,更进一步采取行动直至现实和愿望完全吻合为止。只有这样,才能取得令人满意的出色成果。”但我们需要明白的是,这一愿望的实现必须要有一个清晰的规划,要考虑周全。

生活中,很多年轻人始终改不了粗心大意的毛病,思考问题时,思路紊乱、稀里糊涂。结果导致事情做不到尽善尽美。长此以往,也就形成了一些不良的行事习惯,成功更加遥遥无期。

可能你会天真地认为，那些小问题怎么会影响到大局呢？的确，只是一些细节问题，比如一个小数点，但你要明白，一个小数点的遗漏不仅会影响到你这道题的演算结果，甚至会影响一笔巨大的投资款项。因此，从现在起，你一定要培养自己关注细节的习惯，一件事情，如果你做到了99%，就差1%，但就是这点细微的差距会导致你无法突破。

布莱德雷将军曾说："二次大战期间，我们抵达莱茵河的时候，我并不见得知道怎么建造桥梁，但是我知道相关的事情有哪些，我让筑桥的工兵能有足够的时间和补给，这一点是非常有帮助的。"

的确，没有条理、做事没有秩序的人，无论做哪一种事业都没有功效可言。而有条理、有秩序的人即使才能平庸，他的事业也往往有相当的成就。

拿破仑是一位传奇人物，这位军事天才一生之中都在征战，曾多次创造以少胜多的著名战例，至今仍被各国军校奉为经典教例。然而，1812 年的一场失败却改变了他的命运，从此法兰西第一帝国一蹶不振并逐渐走向衰亡。

1812 年 5 月 9 日，在欧洲大陆上取得了一系列辉煌胜利的拿破仑离开巴黎，率领浩浩荡荡的60 万大军远征俄罗斯。法军凭借先进的战法、猛烈的炮火长驱直入，在短短的几个月内直捣莫斯科城。然而，当法国人入城之后，市中心燃起了熊熊大火，莫斯科城的四分之一被烧毁，6000 多幢房屋化为灰烬。俄国沙皇亚历山大采取了"坚壁清野"的措施，使远离本土的法军陷入粮荒之中，即使在莫斯科城也找不到干草和燕麦，大批军马死亡，许多大炮因无马匹驮运不得不毁弃。几周后，寒冷的天气给拿破仑大军带来了致命的诅咒。在饥寒交迫下，1812 年冬天，拿破仑大军被迫从莫斯科撤退，沿途大批士兵被活活冻死，到 12 月初，60 万拿破仑大军只剩下不到 1 万人。

关于这场战役失败的原因众说纷纭，但谁又能想到是小小的军装纽扣起着关键的作用呢。原来拿破仑征俄大军的制服，采用的都是锡制纽扣，而在寒冷的气候中，锡制纽扣会发生化学变化成为粉末。由于衣服上没有了纽扣，数十万拿破仑大军在寒风暴雪中形同敞胸露怀，许多人被活活冻死，还有一些人得病而死。

拿破仑的失败,正验证了人们说的“成也细节,败也细节”,细节能带来成功,同时也能导致失败。细节就好比是精密仪器上的一个细微的零部件,虽然只是一个细小的组成部分,但是却起着重要的作用,一旦这个“零部件”出错,那就意味着全盘皆输。

中国古代有这样一个故事:

临近黄河岸边有一片村庄,为了防止水患,农民们筑起了巍峨的长堤。一天,有个老农偶尔发现蚂蚁窝一下子猛增了许多。老农心想:这些蚂蚁窝究竟会不会影响长堤的安全呢?他要回村去报告,路上遇见了他的儿子。老农的儿子听后不以为然地说:“那么坚固的长堤,还害怕几只小小的蚂蚁吗?”随即拉着老农一起下田了。当天晚上风雨交加,黄河水暴涨。咆哮的河水从蚂蚁窝始而渗透,继而喷射,终于冲决长堤,淹没了沿岸的大片村庄和田野。

这就是“千里之堤,溃于蚁穴”这句成语的来历。在我们的工作和实践中,也常常出现因为忽略一些细节问题而导致“满盘皆输”的后果。这给所有做事不严谨的年轻人们敲响了警钟:忽略细节容易导致功亏一篑。当然,做好生活中的每一件小事也并不容易。

曾经,有位管理专家一针见血地指出,从手中溜走1%的不合格,到用户手中就是100%的不合格。为此,员工要自觉地由被动管理转变为主动工作,让规章制度成为每个职工的自觉行为,把事故苗头消灭在萌芽之中。也曾有位商界名家将“做事没有条理”列为许多公司失败的一大重要原因。

也许每个年轻人心中都有一个伟大的梦想,但成功并不是一蹴而就的,没有人能随随便便成功,这就要求你形成周密的思维习惯。做事没有条理同时又想把蛋糕做大,这是不可能的。只有步步为营、严谨行事,才能做到更有条理、更有效率。由于办事不得当、没有计划、缺乏条理,因而浪费了精力后还是无所成就。

把考验当作“机遇”

自古至今，大凡成功者无不具备一项品质，那就是拥有不被打倒的意志力。因为他们并不把眼下的困难当成困境，也不认为它是一种磨难，而是把它当成一种“机遇”，他们相信，跌倒了再站起来，终有一天，会得胜利之果实。的确，每件存在的事物在开始时只不过是一个想法。成功只青睐那些充满激情、意志坚定的人。失败并不可怕，关键在于如何从失败中奋起，反败为胜。只要你坚持下去，不可能也会变为可能。

人们常常会有这样的疑问，人类活着的意义、人生的目的到底是什么？这是个哲学范畴的问题，对这个问题，稻盛和夫的回答是：提高心地，修炼灵魂！

的确，稻盛和夫认为，人生苦短，与其憎恶命运的不公、生活的烦恼，还不如把困难当成一种对灵魂的考验。孜孜不倦、不屈不挠地工作，你就会发现，今天已经比昨天进步了很多，而人生的价值也逐步体现了。

所谓今生，是一个为了提高身心修养而得到的期限，是为了修炼灵魂而得到的场所。我认为可以这样说：人类活着的意义和人生价值就是提高身心修养，磨炼灵魂。

生活中的年轻人们，可能在工作、奋斗之余，也会编织自己的梦想，也渴望和那些成功人士一样，那么，在努力之前请鼓足勇气吧。如果你渴望成为一个运动员，那么，你就必须比其他人付出更多的努力，在日常学习之余，你还必须不断挑战自己的体能，但无论如何，都难免会有失败，但失败并非罪过，重要的是从中吸取教训。这一点，美国百货大王梅西就是很好的例子。

他于1882年生于波士顿，年轻时出过海，以后开了一家小杂货铺卖些针线。铺子很快就倒闭了。一年后他另开了一家小杂货铺，仍以失败告终。

在淘金热席卷美国时，梅西在加利福尼亚开了个小饭馆，本以为供应淘金客膳食是稳赚不赔的买卖，岂料多数淘金者一无所获，什么也买不起，这样一来，小铺又倒闭了。

回到马萨诸塞州之后，梅西满怀信心地干起了布匹服装生意，可是这一回他不只是倒闭，而简直是彻底破产，赔了个精光。不死心的梅西又跑到新英格兰做布匹服装生意。这一回他时来运转了，他买卖做得很灵活，甚至把生意做到了街上的商店。头一天开张时账面上才收入 11.08 美元，而现在位于哈顿中心地区的梅西公司已经成为世界上最大的百货商店之一了。

除此之外，还有前美国跳水运动员乔妮·埃里克森：

1967 年夏天，美国跳水运动员乔妮·埃里克森在一次跳水事故中身负重伤，除脖子之外，全身瘫痪。乔妮从此被迫结束了自己的跳水生涯，离开了那条通向跳水冠军领奖台的路。她曾经绝望过，但最后，她拒绝了死神的召唤，开始冷静思索人生的意义和生命的价值。

乔妮领悟到：我是残了，但为什么不能在另外一条道路上获得成功？她想到了自己中学时代曾喜欢画画。于是，这位纤弱的姑娘变得坚强起来了，她捡起了中学时代曾经用过的画笔，用嘴衔着，练习开了。她常常累得头晕目眩，汗水把双眼弄得咸咸地辣痛，甚至有时委屈的泪水把画纸也淋湿了。

好些年头过去了，乔妮的辛勤劳动没有白费，她的一幅风景油画在一次画展上展出后，得到了美术界的好评。

乔妮又想到要学文学。因为曾有一家刊物向她约稿，要她谈谈自己学绘画的经过和感受，她用了很大力气，可稿子还是没有写成，这件事对她刺激太大了，她深感自己的写作水平差，必须一步一个脚印地去学习。

是什么让梅西和乔妮·埃里克做到了在人生快进入绝望的时候重拾信心呢？是什么让他们做到了再次找到人生的价值呢？是他们的刚毅，一个刚毅的人就好像为自己寻找到一个心灵的保护伞，有了这个保护伞，他都是无惧的。无论是奋斗还是人生的路上，都并非一帆风顺，有失才有得，有大失才能有大得，没有承受失败考验的心理准备，闯不了多久就要走回头

路了。

纵观历史，广览世界，年轻人，你会得出这样一个结论——成功者无一不是战胜失败后而获得成功的。事实上，人的意志力的力量是强大的，可能我们对于自己能够变成多么坚强都毫无概念！大多数的人能够承受超过我们所认为的压力。每一个人的内在都有无限的潜能，但除非你知道它在哪里并坚持用它，否则毫无价值。世界著名的大提琴演奏家帕柏罗卡沙成名之后，仍然每天练习6小时。有人问他为什么还要这么努力。他的回答是“我认为我正在进步之中。”

你也许会怀疑自己经验、阅历不足，那该如何具备顽强的意志力呢？实际上，任何精神和品质都是可以培养的。从现在起，把任何人生路上出现的困难当成你成长的机遇吧！唯一蝉联三次世界篮球冠军的天才教练篮柏第有一次说：“任何一位顶天立地、有作为的人，不管怎样，最后他的内心一定会感谢刻苦的工作与训练，他一定会衷心向往训练的机会。”当你继续迈向高峰时，必须记住：每一级阶梯都供你踩足够的时间，然后再踏上更高一层，它不是供你休息之用。我们在途中难免会疲倦与灰心，但就像世界重量级冠军詹姆士柯比常说的：“你要再战一回合才能得胜。碰上困难时，你要再战一回合。”如果你也能有如此心态的话，你也就具备了刚毅的精神了。

人生·工作的结果＝思维方式×热情×能力

新时代的任何一个年轻人，可能都会对稻盛和夫式的成功艳羡不已，他成功创办了两家上市公司，被人们誉为“经营之神”。为此，人们常常会问，稻盛和夫为什么能成功？

对此，稻盛和夫自己回答：“人生与经营活动是相通的。要想取得成功，需要有三个因数相乘：这就是理念、能力和执著心。人生如同登山，经营企业亦如此,首先要确定应该攀登什么样的山,是把自己的目标仅仅定为小企业还是想创立一个大企业。人应该拥有闪光的人生观,如果把目标定得高远,随随便便的经营理念就不可能达到目标,必须是高层次的哲学理念。如果有人只想着'轻而易举赚大钱'或者'干得顺手',就会把事情弄糟。"

为此,稻盛和夫根据自己多年的经营经验,总结出一条关于人生和工作结果的方程式,即"人生·工作的结果=思维方式×热情×能力"。

的确,生活中的很多人,有人生活得幸福美满,有人生活得痛苦,在创业过程中,有人做得风生水起,有人却怎么也不见起色。如此大的差别究竟从何而来?仔细推敲,确实和稻盛和夫的这条方程式有着很大的关系。

实际上,与我们想象的不同的是,稻盛和夫并不是个智商过人的人。用他自己的话说就是:"有没有一种好办法,能够让像我这样屡遭挫折并且只具备中等才智的人,也可以做出非凡的成绩呢?经过反复思考,最后得出的就是这个方程式。"

稻盛和夫生于日本最南端的鹿儿岛,家庭没有背景,自己不聪明,初中、高中、大学考试常常不及格。他原本想当个医生,可大学专业是有机化学。费尽周折,最后才在一家濒临倒闭的电磁厂找到一份工作。电磁厂缺乏工作氛围,自己初来乍到也没有经验,还缺少进行理论性试验的精密设备。可最后,他居然研发出领先世界的发明!

正因为认识到自己才能的一般,他比他人更具有热情,也比他人付出了更多的努力。我绝对不是才能出众的人。为了鼓励自己奋发图强,我不相信只靠能力就能决定人生或经营的成败。不管能力是否出众,只要竭尽全力、一丝不苟地去生活,充满热忱地去生活,付出不亚于任何人的努力,就一定会收获好的结果。

同时,他的成功还得益于掌握了比常人更优秀的"思维方式"——优秀的哲学、卓越的思想、高尚的人生观、正确的判断标准。为此,他努力学习孔子、孟子、阳明哲学等中国古代典籍,同时钻研佛陀教诲的宗教精华,努力把这些圣贤们的哲学根植于自己心中。

当然，公式中的几个要素不是做加法，而是做乘法。仅仅是能力和热情相乘，就会产生难以想象的巨大差别。

此处，“能力”指的是一些先天资质，比如智力、体能等；“热情”指的是一个人从事一件事所具备的热情和渴望成功的程度；“思维方式”指的是在从事工作时的精神状态、心态等。关于这三点，我们可以给其做一个取值，其中，“能力”和“热情”的取值在0～100。“思维方式”取值则为－100～100。也就是说，因为是乘法，能力和热情之间是相互制约的关系，即使有能力而缺乏热情，结果也不会好。在思维方式参与作用的情况下，若有能力、有热情，但思维方式的方向错误，其效果也会适得其反。

从这个公式中，我们可以看出积极的思维方式在人生事业中的重要作用。积极的思维方式包括：遇事积极乐观、有理想、努力、怀抱一颗感恩的心、善待自己、善待他人等。

我们不难发现，这里，热情和能力只是公式中的两个因素，它们还要与“思维方式”一起起作用。对此，稻盛和夫认为，所谓“思维方式”就是哲学，也就是人们常说的人生观、价值观等。持有的“思维方式”不同，人生和工作的结果就会迥然不同。

正因为“思维方式”的取值存在负值，所以这警示我们，我们要随时保持积极的想法，任何一丁点消极的思想都可能造成结果变成负值。并且，因为这几个要素是相乘的关系，所以，在消极思想的作用下，你所付出的热情和努力越多得到的负面结果就越大。

不难理解，如果你领导的是一个团体或者企业，那么，你身上担负的就是众多人的生存与发展问题，那么，此时，消极思想所造成的负面影响难免就更大。

万通集团主席冯伦曾经说过：“在世界上、在中国，所有人都在寻找财富和成功背后隐藏着的某种奥秘、某种领悟，希望它能够带来更广阔的视野、更深刻的理解和更伟大的事业。国际著名企业管理大师石滋宜认为，‘中小企业面临的最大挑战是什么？不是市场，不是金钱，也不是人才，而是企业经营者的观念’。”

另外,在“热情”这一项中,我们需要明白,努力并且持续的努力是非常重要的。很多人都自认为已经尽力了,但在企业界,当竞争对手比我们更努力时,我们的努力就不奏效,我们就难免失败和衰退。所以,普通程度的努力没有意义,必须付出“不亚于任何人的努力”,否则就无法在严酷的竞争中立足,而且这种努力不是一时的,必须是持续不断、永无止境的。现在京瓷已经成长为全球首屈一指的精密陶瓷制造商。这就是“热情”,也就是“努力”所带来的成果。

总之,年轻人,若你能掌握这个方程式中的奥秘,就会获得更大的领悟和更成功的事业!

相信自己:信心使人永不被挫败

只要满怀希望,持续不断地努力,人生之路一定光明。——稻盛和夫

稻盛和夫曾说"心态决定命运"。的确,古往今来,许多人之所以失败,究其原因,不是因为无能,而是因为不自信。自信是一种力量,更是一种动力。当你不自信的时候,你难于做好事情;当你什么也做不好时,你就更加不自信。这是一种恶性循环。若想从这种恶性循环中解脱出来,就得与失败作斗争,就得树立牢固的自信心。世界上最伟大的人,通常也是失败次数最多的人。面对各种不利,只要有一点点成功的可能,就要永不放弃。因此,任何一个年轻人,都应该谨记稻盛和夫的忠告,成功的信念和积极的心态比什么都重要。只有这样,你才能在困难中坚持,在坚持中成功。

付出不逊于任何人的努力

任何一个人都知道，世界上没有一件有价值的东西可以不通过辛勤劳动而获得，不吝惜自己汗水的人也必将会有丰厚的收获。一个成功者的成功之处就在于他总是比别人多付出一些，比别人多向前迈进一步。生活中，每个年轻人都是新时代的主人，可能现在的你衣食无忧，可能你还有某些特长，过着父母给你的优越生活，可能你会有个灿烂的未来，但你不能就此停滞不前，激烈的竞争要求你不断进步，而求知与不满足是进步的第一必需品。生命有限，维系成功的唯一法门在于不断地努力，在新的方向上不断探寻、适应以及成长，这样，你将步入新的高度。

日本京瓷公司创始人稻盛和夫就是这么做的。在稻盛和夫看来，付出不逊于任何人的努力就是比任何人下更多苦功去钻研，而且能专心一意地坚持下去。即使有任何抱怨和不满，也能不阻碍努力向前的脚步。

稻盛和夫讲了一个故事：

在环境严酷、灼热的沙漠里，一年也会下几场雨。有些植物趁着有雨，很快发芽、长叶、开花、结果然后枯萎，生命过程只有短短的几周。它们在沙漠里顽强地生存，尽管生命短暂，为了延续下去，只要有一点雨水，它们就要开花结果，把种子留在地表，以待来年下雨时再次发芽。

这说明，只有努力努力再努力，才不会辜负生命的意义。只有我们付出了所有的努力，才不会觉得遗憾。即使失败了，也是胜利者的感觉。如果我们没有付出不亚于任何人的努力，即使侥幸成功了，也一定会自责。

另外，一个人要想获得人生的幸福，那么每一天都应该勤奋工作。事实证明，任何一个取得成功的人都是因为他付出了超乎常人的努力。努力是一个长期的过程，只要坚持就一定能够获得不可思议的成就。

当我们观察成功人士的环境时，会发现他们的背景各不相同。那些大公司的经理、著名的传教士、政府高级官员以及各行业的知名人士都可能来自贫寒、破碎的家庭，偏僻的乡村甚至于贫民窟。这些人现在是社会上的领导人物，但他们的成功无不是源于努力，并且是超乎常人的努力而获得的。

全世界最早的现代成功学大师和励志书籍作家、曾经影响美国两任总统及千百万读者的成功学大师拿破仑·希尔深知成功就是一连串的奋斗。对此他特意讲了一个故事：

“我最要好的朋友是个非常有名的管理顾问。一走进他的办公室，马上就会觉得自己‘高高在上’似的。办公室内各种豪华的摆设、考究的地毯、忙进忙出的人潮以及知名的顾客名单都在告诉你，他的公司的确成就非凡。但是，就在这家鼎鼎有名的公司背后，藏着无数的辛酸血泪。他创业之初的头六个月就把十年的积蓄用得一干二净，一连几个月都以办公室为家，因为他付不起房租。他也婉拒过无数的好工作，因为他坚持实现自己的理想。他也被顾客拒绝过上百次，拒绝他的和欢迎他的客户几乎一样多。就在整整七年的艰苦挣扎中，我没有听他说过一句怨言，他反而说：‘我还在学习啊。这是一种无形的、捉摸不定的生意，竞争很激烈，实在不好做。但不管怎样我还是要继续学下去。’他真的做到了，而且做得轰轰烈烈。我有一次问他，‘把你折磨得疲惫不堪了吧？’他却说，‘没有啊！我并不觉得那很辛苦，反而觉得是受用无穷的经验。’看看‘美国名人榜’的生平就知道，这些功业彪炳千秋的伟人都受过一连串的无情打击。只是因为他们都坚持到底，才终于获得辉煌成果。”

拿破仑·希尔正是希望通过这个故事，告诉生活中的年轻人们，天下没有不劳而获的事。成功需要一连串的奋斗，不管遇到怎样的困难，不忘时刻积累经验、总结教训，做到不断学习，那么，即使失败，你也可更上一层楼，你就一定可以实现你的理想。

世界著名游泳女运动员弗洛伦丝·查德威克在1950年横渡英吉利海峡后，想再创奇迹，便从卡德林那岛游向加利福尼亚海滩。当她在海水中拼搏

了60多个小时后，由于大雾弥漫，她看不到近在一英里处的海岸，她觉得疲倦极了，便上了小艇，终致功亏一篑。她说，如果当时能看到海岸，她就一定有信心和力量游向终点。

可见，任何一个年轻人，都要形成勤奋努力的习惯。因为只有努力奋斗才会充实你的人生，这就是你的人生不断增值的砝码。

一位自考毕业的男孩去应聘一家外贸公司经理秘书。但是，公司却给他安排了一个行政部文员的职位。男孩想了一下，觉得只要自己耐心做好文员的工作，一样很好。于是，他就答应了。男孩的工作是负责接待客人和复印、打印等琐事。同事们总是把一些需要复印和打印的文件一股脑儿堆在男孩的桌子上，然后告诉他哪些需要复印、哪些需要打印、每种各需要多少份。男孩总是耐心地记录着各种要求，然后仔细地做。

有好几次，男孩的认真检查避免了公司的损失。因此，男孩真的被提拔为经理秘书了。

他是这样对人说的："工作虽然简单，但是只要有超凡的耐心和细心，就会取得成功。"生活中的年轻人，倘若你也能如此，具备这样的忍耐力，你也能在平淡中积聚实力，最终实现自己人生的腾飞。正如一句名言所说："一个人如果想要获得成功，就必须要付出与之相应的自我牺牲。如果期望的是较大的成功，就需要付出较大的自我牺牲，如果还想取得更大的成功的话，那就意味着更大的自我牺牲。"

总之，任何一个年轻人，要想获得成功，就要秉持着今天要比昨天好、明天还要比今天进步的态度，每天实实在在去努力。我们生存的目的与价值，不就存在于那努力不懈的付出、脚踏实地的行动以及兢兢业业的求道中吗？对于一去不复返的人生不能有丝毫浪费，要以诚恳认真到"异常"的方式去度过。这种看来傻得可以的生活态度，如果能长期坚持下去，任何一个平凡人也能蜕变成超凡的人物。

要有越挫越勇的热情

古人云:"有志者,事竟成,百二秦关终属楚;苦心人,天不负,三千越甲可吞吴。"这句话的意思就是,只要我们坚持到底,无论梦想多大都有实现的可能。我们常常发现有许多人在做事最初都能保持旺盛的斗志,然而,随着遇到的挫折的增多,他们变得懈怠,热情也退却了,最终放弃了希望,失去了自己应有的成功。

现实生活中,很多年轻人,他们早已为自己树立了人生目标,并告诉自己,一定要实现自己的目标。随着时间的推移,他们发现,努力是如此需要恒心的一件事,目标也实在遥远现实案例告诉我们,百分之九十的失败者其实不是被打败,而是自己放弃了成功的希望。年轻人要谨记,无论你遇到什么,都要咬紧牙关,不要放弃最后的努力。因为成功与不成功之间的距离并不是一道巨大的鸿沟,它们之间的差别只在于是否能够坚持下去。

稻盛和夫曾经在书中讲述了京瓷公司遇到的这样一件事:

那时候,还是京瓷公司从 IBM 接到的第一笔订单。这对于京瓷公司是个极好的机遇,因为可以通过这次合作来提高技术和知名度,但令稻盛和夫感到沮丧的是,IBM 对产品的规格要求太严格了,甚至可以说是苛刻。一般来说,对于这样的产品要求,规格书大概是一页纸,但 IBM 的却足足有一本书那么厚。

但稻盛和夫并没有放弃,他继续带领员工努力实验,后来,符合规格的产品终于做出来了,但结果还是被打上不合格品的烙印退回来了。

此时,面对要求的尺寸精度比以前高一个数量级的产品,甚至连达到他们要求的仪器都没有的情况下,这些员工们想放弃了。面对消极气馁的员工,稻盛和夫严加申斥,指示他们竭尽全力,竭尽所能,干其应该干的,投入

所有的技术。尽管如此，进展仍然不顺利。无计可施之时，稻盛和夫对在锅炉前烧制陶瓷、茫然无措的技术负责人问道："你向神灵祈祷了吗?"其实，稻盛和夫想问的是他是否已经拼尽全力了，已尽人事，剩下的就只好听天命。

经过多次努力，京瓷公司终于成功开发出满足水准、要求极高的、"崭新的"产品。

稻盛和夫告诉所有年轻人，对看似高不可攀的目标毫不畏缩，倾注极大热情，一心一意地钻研。这使得我们自身的能力得到惊人的提高，或者说让沉睡中的巨大潜能迸发出来。同样，也有人问丘吉尔，成功有什么秘诀，丘吉尔的回答是："我的成功秘诀有三个：第一是，决不放弃；第二是，决不，决不放弃；第三是，决不，决不，决不放弃。"这种永不放弃的热情就是成功的秘诀。当然，要拥有这种热情，我们必须要有相信自己能成功的心态和信念。

一个小学生在学校参加话剧的排练，最后校方要从中挑选一些人参加正式演出，这也意味着参加排练的一部分人最终会被淘汰。这个小学生每次排练都特别地认真，回家总和妈妈谈排练的事。妈妈越是看着儿子有热情，心里就越是担心儿子如果最后被淘汰怎么办。终于到了确定人选的这一天，妈妈在家等儿子放学，早就想好如果儿子没被选上该如何安慰他。没想到，儿子回来后依旧兴高采烈，他告诉妈妈："我被选上参加演出了，我是负责鼓掌的！"

多么阳光的心态！在我们看来，这个孩子其实就是落选了。与其他同学相比，他失去了站在舞台上表演并得到观众掌声的机会，但他却仍旧开心，因为他觉得能够为别人鼓掌，证明他还是在这个光荣的集体中承担着自己的角色。

孩子的心态给所有的年轻人以启示。人生都会遭遇挫折。但是，面对挫折的态度却各不相同，唉声叹气、悲观失望、自暴自弃是一种态度；积极向上、奋起直追、后来者居上又是一种态度。一个小学生能够如此坦然面对人生的挫折，那么他在以后的人生道路中肯定也会变得更加坚强，他也会在各种挫折和磨难中越挫越勇。

被拒绝了1000次之后，还敢去敲1001次门的席维斯·史泰龙就是靠毅力走向成功的。

席维斯·史泰龙在未成名之时，身上只有100美元和一部根据自己悲惨童年生活写成的剧本《洛奇》。于是，他挨家挨户地拜访了好莱坞的所有电影制片公司，寻求演出的机会。当时，好莱坞总共有五百家制片公司，史泰龙逐一拜访后，没有任何一家公司愿意录用他。史泰龙面对五百次冷酷的拒绝毫不灰心，回过头来，又从第一家开始，挨家挨户地自我推荐。第二轮拜访，好莱坞的五百家公司，仍然没有一家肯录用他。史泰龙没有放弃希望，他把1000次的拒绝当做绝佳的经验。接着他又鼓励自己从1001次开始。后来，又经过多次上门求职，总共经历了1855次严酷的拒绝，终于有一家电影制片公司同意采用他的剧本，并聘请他担任自己剧本中的男主角。

电影《洛奇》一炮打响，史泰龙成了超级巨星，美国新一代的英雄偶像。

史泰龙的成功，更加证实了坚持的重要性。追求理想的过程中，必定会遇到各种挫折和困难，但做到越挫越勇，永不放弃就能成功。

其实，排除追求理想这一点，即使生活中的小事，你也应该做到迎难而上，只要你满怀希望地朝着目标努力，那么，为自己的梦想而努力，相信你终会找到解决问题的方法。因为问题中总是孕育着机会，只要坚持一分钟，就可能迎来光明。

无论何时都要保持心情顺畅

有哲人说："你的心态就是你真正的主人。"一位伟人说："要么你去驾驭生命，要么是生命驾驭你。你的心态决定谁是坐骑，谁是骑师。"一位艺术家说："你不能延长生命的长度，但你可以扩展它的宽度；你不能改变天气，但你可以左右自己的心情；你不可以控制环境，但你可以调整自己的心态。"佛

说："物随心转，境由心造，烦恼皆由心生。"狄更斯说："一个健全的心态比一百种智慧更有力量。"爱默生说："一个朝着自己目标永远前进的人，整个世界都给他让路……"这些话虽然简单但却经典、精辟。一个人有什么样的精神状态就会产生什么样的生活现实，这是毋庸置疑的。就像做生意，你投入的本钱越大，将来获得的利润也就越高。

任何一个年轻人，在追求人生理想的路途中，若能永远有一个好的心态，就必能战胜面临的困难。人类几千年的文明史告诉我们，积极的心态能帮助我们获取健康、幸福和财富。对此，稻盛和夫说："思想是画笔，人生是画布，人的思想不同人生的画卷也不同。改变你的心态，你人生的色彩就可以绚烂夺目。"他是这么说的，也是这么做的。

稻盛和夫的一生是坎坷的。在中学升学考试中，他失败了，这是他经历的第一次挫折体验。后来，他又感染了结核病。当时，结核病是不治之症，并且，在他的家族中，他的两位叔父、一位叔母都因结核病而死亡。

当时，在他幼小的心灵里，他满以为吐血了就会死。但在看完《生命的真相》一书后，他体会出："想回避、逃避的心，非常厌恶生病的我的那颗羸弱的心吸引了病灾。就因为害怕，而害怕的事情就在我的身上发生了。我体会到是消极思考的内心吸引了消极的现实。"

后来，他的肺结核总算治愈了，可以回校读书了。但命运又和这个努力的年轻人开起了玩笑，他考大学第一报考志愿没考上，只好进了一所地方大学。虽然大学学习成绩优秀，但毕业时，正逢朝鲜战争结束，由于战时特需而带动的经济景气告一段落，经济陷入萧条。

毕业后，稻盛和夫一度处于运气不佳的状态，就连就职考试也屡试不中。他不禁诅咒世道不公，感叹自己命运不济。

后来，稻盛和夫开始产生了一些极端的想法。"我练过空手道，学了一点本事，不如干脆参加黑社会吧！之后我曾在闹市区一家黑社会组织门前徘徊。"他在书中这样说。当然，这只是一闪而过的念头。

后来，他进了京都一家生产绝缘瓷瓶的工厂。当他进入这家工厂才知道，这是一家濒临破产的工厂。但此时，面对那些不断辞职的人，他的心态已经有了很大的变化。“既然怨天尤人无济于事，不如将心境来个180度大转变，干脆把精力投入工作，全身心沉浸于研究吧。于是我把锅碗瓢盆都搬进了实验室，逼迫自己天天专心做实验。”

后来，他的研究出现了成果，他的上司开始看重他、表扬他，而他对实验工作更加投入了，新的成果继续出现，这样便进入了一种良性循环。

这样，我用自己独特的方法，在日本首次合成并开发成功了一种新型陶瓷材料，用在电视机显像管的电子枪上，那时电视机还刚刚开始普及。

周围的人开始对我刮目相看。我感到了工作的意义和生命的价值，至于工资迟付的问题也已经不再介意。这一阶段我掌握和积累的技术以及取得的业绩，成为我后来创办京瓷公司的重要资本。

稻盛和夫的经历告诉所有的年轻人一个事实：在改变自己心态的瞬间，人生就出现了转机。此前的恶性循环被切断，良性循环开始了。人的命运绝不是天定的，它不是在事先铺设好的轨道上运行的，根据我们自己的意志，命运既可以变好，也可以变坏。就是说，自己身上发生的一切事情，都是由自己的心制造出来的，这是一条根本性的原理。

一个人是否成功的标志，成功人士的首要标志，在于他的心态。一个人如果心态积极，乐观地面对人生，乐观地接受挑战和应对麻烦事，那他就成功了一半。我们必须面对这样一个不争的事实：在这个世界上，成功卓越者少，失败平庸者多。成功卓越者活得充实、自在、潇洒，失败平庸者过得空虚、艰难、猥琐。为什么会这样？仔细观察、比较一下成功者与失败者的心态，尤其是关键时刻的心态，我们将发现“心态”会导致人生惊人的不同。

因此，任何一个对未来怀揣梦想的年轻人，都应当从这些失败与成功者的身上看到信心的力量，并让其指导你轻松应对在学习和生活中所遇到的困难。

有一位22岁的年轻人自从大学毕业后，一直找不到工作。尽管他有一所英国名牌大学新闻专业的文凭，但在竞争激烈的人才市场上，他却四处

碰壁。

为了求职，他从英国本土的地方，一直寻寻觅觅到首都伦敦，最后他走进了世界著名的《泰晤士报》的编辑部。

“请问你们需要编辑吗？”他十分恭敬地问。

对方看了看貌不惊人的他，说：“不要。”

他又问：“那需要记者吗？”

“也不要。”对方回答说。

“那么，排字工、校对呢？”他毫不气馁。

“都不要！”对方显然已经不耐烦了。

他却微微一笑，从包里掏出一块制作精致的告示牌，交给对方，说：“那您肯定需要这块告示牌！”

对方一看，上面写了这样一句话：“额满，暂不雇用。”

他的举动让报社的人忍俊不禁。一位主管很认真地在一旁观察他，发现他并不是在调侃报社，而是一脸的真诚。主管被他的认真和顽强行动所打动，结果录用了他，把他安排到对外宣传部工作。

20年后，他在这家英国王牌大报的职位是：总编。他就是生蒙，一位资深且有着坚忍毅力和良好人格魅力的新闻工作者。

我们看到，一个成功的竞争者除了要具备方寸的知识和各方面的才能外，还必须有健康的心理素质，尤其是乐观向上的、积极的态度。

浮躁、抱怨、逃避在现在许许多多的年轻人身上或多或少地存在着，可以说，前三者可以使人消沉，甚至使人走到消极的道路上去。稻盛和夫告诉所有的年轻人，任何人的幸与不幸，人生的低谷与高峰，毫无例外，都是由他们自己的“心相”招致的。自己撒下的种子，必定会在自己身上开花结果。

诚然，命运这东西，在我们的人生中俨然存在，但是它不是人力无法抗拒的“宿命”。命运可以随着我们心态的改变而改变。唯一能改变命运的就是我们的心，人生由自己创造。

要有成功的强烈愿望

曾经有人问康拉得·希尔顿:“何时得知自己将会成功?”希尔顿的回答是:“当我还潦倒困顿到必须睡在公园的长板凳上时,我已经知道自己以后将会成功。”可见,无论发生什么事,无论处于什么境地,自信者都相信自己一定能成功。生活中的每一个年轻人都要有成功的强烈愿望,那么,你也会让他人更容易相信你的能力,因而也会得到更多的锻炼机会,你会更容易成为一个有能力的人。

马云曾说过:“今天很残酷,明天更残酷,后天很美好,但大多数人死在昨天的晚上,看不到后天的太阳。”是的,人就是这样,只要你有坚定的成功的愿望,就能勇敢地去克服、面对,战胜今天、明天残酷的现实,那后天的太阳一定为你升起,可如果你不这样做,那你只能“死”在明天的晚上,永远看不到后天为你升起的太阳!

创办京都陶瓷公司和 DDI 的实业家稻盛和夫说过:“没有强烈的愿望,就‘看不到’办法,成功也就不会向我们靠近。首先需要有强烈的愿望,这很重要。只有这样,愿望才能成为新的起点,最终一定能够成功。无论是谁,人生就如你内心描绘的一张蓝图,而愿望就是一粒种子,是在人生这个庭院里生根、发枝、开花、结果的最初的也是最重要的因素。”

同时,稻盛和夫强调了一点,为了实现理想,只是一般的愿望是不行的。“强烈的愿望”很重要。不是漠然地想“如果能够那样就好了”,这是不够成熟的想法,而应该是抱有强烈的愿望,废寝忘食地渴望着、思考着。全身上下从头顶到脚尖都充溢着这个愿望,就好比是身上划破后流出来的是“愿望”而不是血。

强烈的愿望和坚定不移的信念可能就是稻盛和夫事业成功的原动力。

对成功的强烈的愿望来源于他事业初始期松下幸之助的一次关于“水库经营”的演讲，在这次演讲结尾，当人们对松下幸之助提出质疑后，松下的回答是：“那种办法我也不知道，但我们必须要有不建水库誓不罢休的决心。”此时，全场哑然失笑。几乎所有的人都好像对松下先生不是答案的答案感到失望。

但是，对此，稻盛和夫的态度却不是一样的，他既没有失笑也没有失望。相反，他受到似乎像电流击穿身体似的大冲击，既茫然若失又惊叹不已。因为松下先生的话对他来说简直就是真理。于是，在后来的人生中，稻盛和夫便把它作为真实的经验准则，学习它，掌握它。

的确，信念是一种无坚不摧的力量，当你坚信自己能成功时，你必能成功。许多人一事无成，就是因为他们低估了自己的能力，妄自菲薄，以至于缩小了自己的成就。信心能使人产生勇气。成功的契机是建立自己的信心和勇气，以信心克服所有的障碍。

丁磊自1993年7月大学毕业至1997年5月成立网易公司，在近四年的时间中跳了三次槽，也可以算是比较频繁的了。网易公司在他的带领下取得了一个又一个第一：第一家全中文检索，第一个大容量免费个人主页基地，第一个免费电子贺卡站，第一个网上虚拟社区，第一个网上拍卖平台。同时，刚到30岁的丁磊，其身价也上升到两亿多美元。

后来，丁磊和徐新在广州一家狭小的办公室里见面。徐新主动问他一些问题：“网易在行业内的情况怎么样？”

“我们会是第一。”丁磊第一句话就毫不犹豫地这么回答。

徐新当然知道网易并不是门户网的第一，但她就是觉得：“他很有上进心，而不是吹牛，是有实质的自信。我觉得企业家有这种精神是很重要的，你有这么一个理想跟雄心去做行业排头兵。我投的就是他这个自信。”

有媒体称：“丁磊只用了3年时间就完成了洛克菲勒、卡耐基、福特等人一辈子才完成的原始积累。”丁磊频繁跳槽并取得成功，这是需要很大的决心的，他在机遇面前，敢于做出果断的决定。正如他自信地说：“我们会是第

一。”正是这种自信,造就了今日的网易和今日的丁磊。

现实生活中,有这样两类人,他们具备同等能力,做出相同程度的努力,有的能够成功,有的以失败告终。其差别是什么呢?稻盛和夫的回答是:“人们往往容易把原因归结于命运、运气,其实主要是因为愿望的大小、高度、深度、热度的差别而造成的。”可能你会觉得这未免太过绝对了,但事实上,这正体现了愿望的重要性,废寝忘食地渴望、思考并不是那么简单的行为。你必须持续拥有强烈的愿望,并不知不觉地把它渗透到潜意识里去。

其实,无论是企业经营还是开展新的事业或开发新产品,很多人的第一反应是没有信心:恐怕不行吧,恐怕做不好吧。如果一味地顺从这个“常识性”判断,那么可以想象原本可以做的也变得不能做了。真正想新做一件事情,首先要树立坚定的信心,要有强烈的愿望,这最重要。

自信的产生是自我意识的选择。一个人可以选择成功的自信,也可以选择束缚自己的自卑,这一切全由自己来决定。年轻人,如果你想选择自信,你应先弄清自己身上的优点、长处,一条一条记在心里,不断地告诉自己:“我身上拥有无限的能力和无限的可能性。”当你弄清了自己的强项,选择和发挥自己最擅长的能力也就是自己的优势潜能时,就自然产生了自信。

可能因为人生经验的缺乏,很多年轻人并不相信自信的力量,树立了某个奋斗的目标,并满怀信心地认为自己能做得好,但一遇到困难,就丧失信心,认为自己“必死无疑”、会失败,其实,很多时候,事实与结果告诉你,原来只要在说放弃前坚持一秒就必定是另一番景象,所以与其选择后悔,为什么不多坚持一秒呢?不要总是认为放弃是一种无奈,这是一种懦弱的体现。再往前走一步,即使失败了也没什么,因为你真的努力过了。

稻盛和夫的成功告诉所有年轻人,自信是成功的第一秘诀,世上最可怕的不是敌人,而是你自己,你脆弱的心是你最可怕的敌人。自信是一根柱子,能撑起精神的广袤天空;自信是一片阳光,能驱散迷失者眼前的阴影,能够使我们行走于人生的泥沼中而不致深陷。

只要认真努力，就能看到美好的明天

现今社会，好高骛远、不脚踏实地是很多年轻人的通病。他们是思想上的巨人，行动上的矮子。他们常常为自己树立目标，并信誓旦旦决定把它做好，但到实施的时候，一旦出现了困难便轻易地放弃；也有一些年轻人，他们渴望成功，但他们的“愿望”仅仅是停留在“愿望”上，对于当下的工作，他们不屑一顾，眼高手低让他们始终与成功无缘。

要知道，任何事情的成功都不是一蹴而就的，需要我们做出一点一滴的努力。小事成就大事，在每件小事上认真的人，做大事一定成绩卓越。大凡那些在事业上取得成就的人，无不是着眼于现在、关注于手头上的每一件小事，并在积累中实现卓越的。对此，稻盛和夫告诉所有的年轻人：“不要急功近利，努力、认真过好每一天，明日自然就会来到；如此持之以恒，五年、十年过去时就会结出硕果。我始终铭记这样的信念，把它作为人生的真理，体验到‘充实地度过今天，就能看见美好的明日’。”

的确，在追求成功的过程中，只有洋溢着满腔的热情、努力认真地过好现在每一分钟，埋头苦干眼前的工作，心无杂念并充实地度过每一个瞬间，才能通向开辟美好未来的道路。

因此，努力过今天一天很重要。无论树立怎样大的目标，如果不认真面对每日朴实的工作，不积累业绩就不可能取得成功。伟大的成果除了努力积累外别无他法。

福特汽车公司的创始人亨利·福特决定生产V－8型引擎。这是一个创造性的想法，在当时，连底特律最杰出的工程师都认为这是不可能的。但亨利·福特下决心无论如何也要生产出这种引擎。他对那群一筹莫展的工程师们说：“只要去做，没有什么是不可能的。”

一年很快就过去了,工程师们几乎试了所有办法,就是无法攻破技术难关。他们找到福特再一次强调"这事根本不可能实现"。但福特并没有灰心,他命令工程师们继续去做。

半年过去了,工程师们作了成千上万次的实验,回答结果仍然是:"根本行不通!"

"继续做,放心做下去。普通人看似不可能的事情最有价值可做,我不是普通人,你们也要超越普通人。"福特仍然没有放弃。

一年时间很快又过去了,工程师们还是没有任何进展。"继续做,"福特执著而坚定地说,"我就是要八缸引擎,一定要做到!无论如何要做到。"

终于,奇迹出现了,他们找到了诀窍,最终设计出了 V－8 型引擎。"简直太不可思议了,我们成功了。"当工程师们击掌相庆时,亨利·福特也露出了欣慰的笑容。

在很多人看来,生产这种 V－8 型引擎完全是不可能的,但福特却不这么认为,他认为"只要去做,就没有什么不可能",而实际证明,他的话是正确的。

世界上许多伟大的事业都是由点点滴滴的细节小事汇集而成的。在小节上能够表现好的人,他在成功之路上一定会少许多漏洞。相反,如果一个人不能关注细节问题,往往会因小失大,自毁前程。完美的细节代表着永不懈怠的处世风格,也是一个人追求成功的资本。

现实生活中,一些年轻人,他们也深知丰富人生、积累社会经验是当下的重要任务,但他们却做不到脚踏实地,常常做出一个重大决定,并希望做出一些成绩,但却做不到坚持,当发现自己离目标越来越远时,他们只得放弃。事实上,成功往往都是一点一滴积累起来的。只要每天努力一点,积累的就多一点,也就离成功更近一步。你要明白这样一个道理:追求完美并不困难,就像擦鞋一样易如反掌。只要你学会了把鞋擦亮,对于更重大的事情,同样可以做到尽善尽美。

亿万富翁蒋建平就是通过每天卖盒饭慢慢积累资本而逐渐起家的,到

2007年，他已拥有了10亿元资产。小时候，蒋建平家境贫寒，只读到初中就辍学了。走出校门，蒋建平在粮管所当保管员。下岗后，接连两个月都没能找到工作，家里连买米的钱都是向父亲借来的。一天，饥肠辘辘的他在一辆三轮车上花2元钱买了盒米饭充饥。他从摊主的口中得知：卖盒饭很赚钱。他决定卖盒饭。

说干就干！蒋建平借了一辆三轮车开始卖盒饭。第一天，他和妻子忙碌了大半天，挣了110元。蒋建平看到了希望，整天骑着三轮车卖盒饭。由于他借来的三轮车没有执照，经常被城管没收，他只得既交罚款又说好话。

蒋建平想开一家快餐店，由于没有多少资金，他就在常州一个偏僻的地方租了一间房子。没人知道他的快餐店，他就散发小广告。就这样，他的盒饭事业开始快速发展。

听到这个创业故事，可能很多年轻人都觉得很诧异，一个人通过卖盒饭发家？但这是一个真实的创业故事。一个贫苦的人很容易在别人不屑一顾的地方发现机会，别无选择地干起别人眼中最卑微的工作，别人认为不值得一提的收入，让他感到无比兴奋。这种兴奋就是成就伟业的强大动力。蒋建平的10多亿资产就来源于借来的一辆没有牌照的三轮车，来源于人们看不起的街头“盒饭事业”。

生命不息、奋斗不止应该是每个年轻人生存的原则，要捕捉机遇，就要积极进取，时刻准备着。稻盛和夫以及任何一个成功者都给予年轻人一个启示，从现在起，要重视生活、工作中的每一件事，认真做好当下的事，并修饰你做事的每一个细节。没有小，就没有大；没有低级，就没有高级。每天那些点滴的小事中都蕴含着丰富的机遇，伟大的成就都来自每天的积累，无数的细节就能改变生活。

得道多助：心存善念，天必佑之

人有命运，但命运绝不是不可改变的。思善行善，命运就会朝好的方向转变。——稻盛和夫

“人之初性本善”，这是老祖宗留下来的古训，然而，现代社会，人们在追求梦想、金钱、地位的过程中，似乎已经忘记了人的内心充满至深至纯的幸福感，不是满足自我而是满足“他人”。同时，奉献于他人并不仅仅只是对他人有利，终究还将有利于自己。为此，稻盛和夫给所有的年轻人一个启示，一定要有“利他之心”。所谓“利他之心”，佛教里是指“善待他人”的慈悲之心，基督教里是指爱。更简单一点地说，是“奉献于社会，奉献于人类”。当然，你还需要将这种爱贯彻到生活中的方方面面，而不是挂在嘴边，以仁爱之心去爱人，去奉献社会。

先学做人再去做事

每一个人生活在现实社会中，都希望自己有所成就，也有很多人为了心中的梦想付出了很多努力，然而，并不是所有人都能满载而归。这并不是说他们付出得少、不够勤劳。那么，到底是什么导致了这样的结局呢？这值得我们每一个人去认真思考。对此，稻盛和夫曾经说过："一个人不管有多聪明，多能干，背景条件有多好，如果不懂得如何去做人、做事，那么他最终的结局肯定是失败。做人做事是一门艺术，更是一门学问。很多人之所以一辈子都碌碌无为，那是因为他活了一辈子都没有弄明白该怎样去做人、做事。"

因此，现实生活中的任何一个年轻人都应该记住这句话，先学好如何做人、做事，并努力学习正确的做人哲学。

的确，从表面上看，做人、做事似乎很简单，有谁不会呢？比方说做生意，很多人也是每天起早贪黑，内心想要赚大钱，可为什么后来失败了？你不能说他不努力、不勤快吗？稻盛和夫先生也曾面临选择，缔造京瓷时也历经不少磨难，为何他成功了？这就源于他坚持的最基本的做人哲学：不撒谎，不贪心，不给他人添麻烦，要正直。我们要想取得成功，也要学会做人、做事的方法。人道即商道，连起码的人都没做好，何谈从商，更谈不上让财富追随着你！

孟子有云："诚者天之道也，思诚者人之道也。"天之道就是自然之道。自然界的一切，宇宙万物都是实实在在的，真实的，没有虚假。真实是宇宙万物存在的基础；虚假就没有一切，所以说诚是天之道人之道，是指做人的道理或法则。

世间万物都有其一定的生长规律，人类社会也有其生存之道，做人、做事更有其一定的规则。凡事顺其道才能事半功倍，违背法则必然得不到好的结果。身为一个社会人，无论我们遇到什么，都要记住自己的信念，不能改变自己的做人原则。归结起来，其实也就是责任的问题，例如工作，我们不仅要把工作当成赚钱的工具，更要当作一份事业去经营，怀着对自己负责的态度。

京瓷公司的经营理念是："在追求全体员工物质和精神两方面幸福的同时，要为人类社会的进步和发展做出贡献。"企业经营的首要目的是实现员工的幸福生活。但是，如果仅仅如此的话，那将是为某一个企业牟利的自私行为。作为企业公民，企业有为世界、为人类尽力的责任和义务。

创业伊始，稻盛和夫就用心来经营。创业数年后，公司经济基础得到稳固时，他把年终奖金一个个交到员工的手里以后，建议他们考虑一下拿出奖金的一部分捐献给社会。职工拿出一点点钱，公司也提供与其等同额度的钱，捐献给那些连新年年糕都买不起的穷人。员工们对此很赞同，爽快地捐献了一部分奖金。这是京瓷公司今天所从事的各种社会贡献事业的开端，这种精神今天仍在继续。

曾经有这样一个童话：

巨人有一个花园，可是他却不愿意与小朋友分享，孩子们进不来，没多久花园里再也见不到春天了。可是，偶然的机会孩子又进到花园，花园奇迹般地又迎来春天，于是巨人幡然悔悟……不懂得分享的人是体会不到美好的。你种出来的花即使再娇艳，没有人能看得到，又有什么意义呢？

除了稻盛和夫以外，香港首富李嘉诚也是个懂得分享与回馈社会的人。

李嘉诚于1980年创立了自己的基金会，为医疗、教育、文化和社区福利项目提供资助，主要针对香港和内地。迄今为止，该基金会已为各项事业捐出及承诺款项约77亿港元，其中，内地约占64%，香港占29%，其他占7%。

另外，李嘉诚基金的管理特色在于从不动用现有资产，基金用多少李嘉诚补上多少。李嘉诚曾多次强调指出，基金会是100%做慈善，帮助有需要的人，只是一直不喜欢将基金会用慈善两个字。李嘉诚还表示，无论其家族成员或是董事，都不能从基金会拿取一分一毫，基金会是百分百做捐献的。

李嘉诚说，能够在这个世上对其他需要你帮助的人有贡献，这个是内心的财富，这个是我自己创造出来的，这个是真财富。因为金钱的财富，你今天可能涨了，身价高很多，明天掉下去了，你的财富可以一夜之间变为一半。只有你做出使世人受益的真财富，任何人拿不回来。

年轻的你可能会认为，我没有李嘉诚式的物质财富，对于社会无法做到如此奉献。但真正的奉献也不是用财富来衡量的。只要你懂得不断奉献，你的人生财富也就在不断积累，你的人生就在不断充实！所以，身为社会人，年轻人，你也应从责任的角度看，你必须要有一颗爱别人、爱社会、肯奉献的心，才能被人尊重、为人称颂！就像李嘉诚说的："金钱并不是人生中最重要的因素。"他常常说的一句话是，"富贵"这两个字必须分开而看，"富"者不一定"贵"，真正值得珍贵的还在于你为社会做了什么，在于所做之事能否令世人得益。因此，他眼中真正的"富贵"是必须懂得用金钱去回馈社会，如不能做到这样，即使拥有了金钱，也只不过是"富而不贵"。

种善因，结善果。人生就是一条充满磨难的旅途，仅仅看重一点蝇头小利是不会得到长期事业的。仅仅因为磨难，你就改变了自己的价值观，发了不好的心，偏离了正确的人生轨道，原本跟你志同道合的朋友就都离你而去，所谓"得道多助，失道寡助"说的就是这个。没有善缘，凭一己之力，岂会成功呢？

君子爱财，取之以道。爱不应该是贪婪自私的，而是要站在人的立场，坚守做人的原则，以心相交，以诚相待，以利互惠，这样才会取得更大更远的利益！

当然，可以这么说，做人、做事是一门涉及现实生活中各个方面的学问，单从任何一个方面入手研究都不可能窥其全貌。年轻人，你若要掌握这门学问，抓住其本质，就必须对现实生活加以提炼总结，得出一些具有普遍意义的规律来，有章可循，才不至于迷然无绪。

为社会和他人不妨牺牲一点个人利益

我们每个人都是一个独立的自我，但同时，也是生活在一定的社会集体中，我们的身边，还有朋友，还有共事者，还有很多人，我们不可能脱离集体而存在，为此，我们在向社会、他人索取的同时，也要学会奉献、懂得感恩！身为未来社会接班人的年轻人，你要明白：有时候，真正的成功并不是财富的集聚，而是精神世界的富足。懂得吃亏，懂得为他人和社会牺牲一点个人利益的人，必当是得道多助的。京瓷公司和 DDI 公司的创始人稻盛和夫就是这样一个心存善念、愿意牺牲自己利益的人。

自 DDI 公司创业以来，稻盛和夫经常为员工强化这样一个观念：“为了国民，把长途电话费降下来吧！”“让仅有一次的人生过得更有意义吧！”“现在我们得到了百年难逢的好机遇，感谢机遇的惠顾，并珍惜机遇吧！”

于是，在 DDI 公司，所有员工都心存这样一个志向——工作不是为自己而是为国民，他们都衷心希望事业成功并全身心投入到工作当中去。因此，这家公司不但得到代理店的支持，而且得到客户的广泛支持。

然而，现今社会，那些小有成就的人不少，但真正意识到自己还存在社会责任的则少之又少，他们认为自己的成功完全归功于自己，而排除了社会因素。实际上，在需要协作方法工作的今天，已经没有谁可以单打独斗就可以拥有成功了，独木不成林，一个人的力量是有限的。一个人只有懂得付出，才有回报，这是一条至理名言。只懂得向社会索取，而不懂得奉献的人，

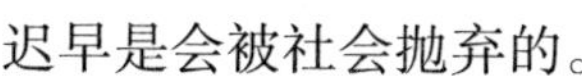

迟早是会被社会抛弃的。

为此，年轻人，你应该以稻盛和夫为榜样，多做利于社会的事，并且，在必要时候，应该牺牲一些自己的利益。当然，你可能认为自己并没有稻盛和夫般的财富，但你可以从身边事做起，帮助那些需要帮助的人。如生活中，人人都会遇到一些困难、矛盾和问题，都需要别人的关心、爱护，更需要别人的支持、帮助。如果在社会生活中，每个人都能主动关心、帮助他人，从自己做起，从小事做起，从现在做起，使助人为乐在社会上蔚然成风，那么，你就能随时随地得到他人的帮助，感受到社会的温暖。从这个意义上讲，“助人”也就是“助己”。

社会公益反映了社会主义的新型人际关系，与每位公民息息相关。每个公民都要关注和支持社会公益，多献一点爱心，多添一份真情，在社会生活中做一个热心人，如赈灾救荒、捐资助学、义务献血、为社会福利事业捐款捐物等，做到有钱出钱、有力出力。

当然，“心存善念”还表现在凡事为他人考虑、利他这一点上。如此，我们便能收获友谊，收获他人的支持。

稻盛和夫在DDI公司创立后不久，他便给一般员工提供按票面购买股票的机会。因为他想，DDI公司迅速成长发展，迟早要上市，他要用获得资本收益的方式去报答员工的辛勤劳动和表达他本人的感谢之情。

另外，他作为创业者，原本可以持有更多的股权，但是，实际上，他连一份股票都不曾持有过。因为在DDI公司创立之际，他不想掺杂任何私心。

“假如我那时哪怕只持有一份股票，别人也会认为我到底还是为了赚钱，而且DDI公司其后的发展也会与现在不同。”

后来，在某次董事会上，人们对他的行为提出质疑，大家面面相觑，指责他把包子馅让给别人吃而自己只打算吃包子皮。他说：“舍一时利益得长远利益，忍一时之负以求最终的胜利，希望大家努力把馒头皮变成黄金皮。”于是，他的事业终于起步了。“公司的成功是因为有益于社会、有益于他人的信念赢得了上天的保佑。我认为这就是动机善则事必成的证明。”

除了稻盛和夫以外，我国古代就有“吃亏是福”的说法，并且，古人也以实际行动证明了这一点。

齐国有一对很要好的朋友，一个叫管仲，另外一个叫鲍叔牙。年轻的时候，管仲家里很穷，又要奉养母亲，鲍叔牙知道了，就找管仲一起投资做生意。做生意的时候，因为管仲没有钱，所以本钱几乎都是鲍叔牙拿出来投资的，可是，当赚了钱以后，管仲却拿的比鲍叔牙还多，鲍叔牙的仆人看了就说：“这个管仲真奇怪，本钱拿的比我们主人少，分钱的时候却拿的比我们主人还多！”鲍叔牙却对仆人说：“不可以这么说！管仲家里穷又要奉养母亲，多拿一点没有关系的。”有一次，管仲和鲍叔牙一起去打仗，每次进攻的时候，管仲都躲在最后面，大家就骂管仲说：“管仲是一个贪生怕死的人！”鲍叔牙马上替管仲说话：“你们误会管仲了，他不是怕死，他得留着他的命去照顾老母亲呀！”管仲听到之后说：“生我的是父母，了解我的人可是鲍叔牙呀！”后来，齐国的国王死掉了，大王子诸当上了国王，诸每天吃喝玩乐不做事，鲍叔牙预感齐国一定会发生内乱，就带着小王子小白逃到莒国，管仲则带着小王子纠逃到鲁国。

不久之后，大王子诸被人杀死，齐国真的发生了内乱，管仲想杀掉小白，让纠能顺利当上国王，可惜管仲在暗算小白的时候，把箭射偏了，小白没死，后来，鲍叔牙和小白比管仲和纠还早回到齐国，小白就当上了齐国的国王。小白当上国王以后，决定封鲍叔牙为宰相，鲍叔牙却对小白说：“管仲各方面都比我强，应该请他来当宰相才对呀！”小白一听：“管仲要杀我，他是我的仇人，你居然叫我请他来当宰相！”鲍叔牙却说：“这不能怪他，他是为了帮他的主人纠才这么做的呀！”小白听了鲍叔牙的话，请管仲回来当宰相。

后来，大家在称赞朋友之间有很好的友谊时，就会说他们是“管鲍之交”。

鲍叔牙不计较管仲的自私，也能理解管仲的贪生怕死，还向齐桓公推荐管仲做自己的上司。而最终，鲍叔牙也赢得了管仲的友谊，正所谓“生我的是父母，了解我的人可是鲍叔牙呀”！可能现实生活中的人们很难做到这一点，但如果每个人都能做到不为小利小益争来夺去，便能化敌为友，壮大自己的力量，成全别人，也能给自己带来心灵的充盈。

因此，生活中的每一个年轻人，都不要把眼光放在蝇头小利上，更不要过于计较，其实，得失心太重，反而会舍本逐末。为社会和他人牺牲一点利益是心存善念的表现。这种利他的做人原则必当会成为你人生路上的指明灯，帮助你达到人生的新高度！

天堂和地狱的区别在于“善心”

中国人常说：“人之初，性本善”，这句话并不只是说人的本性是善良的，更是要告诫生活中的每一个人都要心存善念。人只要心存善念便不会投机取巧，攀前附后；没有贪欲和害人之心，有怜悯、慈爱之德，能善解人意，尽本分；心存善念，处事就大度，眼中看到的将永远是美好、良善的一面，反之亦然；如果人人都有这样的善念，那么，人与人之间的交流将会更加平和安详。

同样，年轻人，在你追求成功的过程中，无论走到了怎样的人生高度，都不要将“善心”抛弃，这样，无论你走得多远，也不会迷失本性。稻盛和夫之所以在他的工作、生活乃至一生的事业中都追求“利他”的宗旨，主要是来自于他的一次人生经历。

在圆福寺修行之前，稻盛和夫就被诊断出患了胃癌，虽然手术很成功，但未康复之前，他以俗家之身加入了佛门。这段时间，因为身体关系，他的修行是艰苦的，但却也给他留下了难以忘怀的事情。

那段时间，他在寺庙有个工作，那就是布施化缘。冬天，天气寒冷得很，他穿着草鞋、身披斗笠，他的脚趾头已经被沥青划破，甚至已经渗出了鲜血，但他还是强忍着疼痛继续化缘。

黄昏时，他已经毫无力气了，正当他准备返回时，正在打扫公园、身着工作服的老婆婆注意到了稻盛和夫以及这些化缘的僧人们，她一只手拿着扫帚一路小跑来到他们跟前，向他的行囊丢进了500日元的硬币。

就在那一瞬间，稻盛和夫被感动了，他的心里顿时充满了难以名状的幸福感。

把自我利益置于一旁，首先对他人流露出悲悯之心——老婆婆的行为是微不足道的，但它却是人世间思想和行动中的最善最美。

实际上，我们生活的周围一直都不缺乏那些为他人、为社会贡献力量的善良的人。比如，汶川地震后，多少热血青年身赴灾区，帮助那些深陷困境中的人们、支援灾后重建工作；很多创业者成为成功的企业家后不忘回馈社会，用自己的力量支持慈善事业；一些闹市中的青年们，在忙碌之余，会带上自己的爱心来到孤儿院、敬老院，为他们带来欢乐……善心是人类与生俱来的本性。的确，人的内心充满至深至纯的幸福感，不是在满足自我，而是在满足了“他人”的时候，自己的观点也得到了认同。而且，聪明的人应该能注意到，奉献于他人并不仅仅只是对他人有利，终究还将有利于自己。

在寺院修行的一段时间，稻盛和夫还听过这样一个故事：

在某个寺院，年轻的修行僧问老师：“听说在那个世界有地狱和天堂，地狱到底是什么样的地方呢？”老师是这样回答的：“在那个世界确实既有地狱也有天堂。但是，两者并没有太大的差异，表面上是完全相同的两个地方，唯一不同的是那儿的人们的心。”

老师继续讲道：“地狱和天堂里各有一个相同的锅，锅里煮着鲜美的面条。但是，吃面条很辛苦，因为只能使用长度为一米的长筷子。住在地狱的人，大家争先恐后想先吃，抢着把筷子放到锅里夹面条。但筷子太长，面条

不能送到嘴里去，最后抢夺他人夹的面条，你争我夺，面条四处飞溅，谁也吃不到自己跟前的面条。美味可口的面条就在眼前，然而每一个都因饥饿而衰。这就是地狱的光景。与此相反，在天堂，同样的条件下情况却大不相同。任何人一旦用自己的长筷夹住面条，就往锅对面人的嘴里送，'你先请'，让对方先吃。这样，吃过的人说'谢谢，下面轮到你吃了'，作为感谢和回赠，帮对方取面条。所以，天堂里的所有人都能从容吃到面条，每个人都心满意足。"

即使居住在相同的世界里，对他人是否热情、关心就决定那里是天堂还是地狱。这就是这个小故事想要告诉世人的道理。

后来，稻盛和夫也多次向员工说起"利他之心"的重要性。为了完善经营，必须心存"奉献于社会，奉献于人类"的精神。

一天夜里，已经很晚了，一对年老的夫妻走进一家旅馆，他们想要一个房间。前台侍者回答说："对不起，我们旅馆已经客满，一间房也没有了。"看着这对老人疲惫的神情，侍者又同情地说："但是，让我来想想办法……"

后来，好心的侍者将老人引领到一个房间，说："也许它不是最好的，但现在我只能做到这样了。"老人见眼前其实是一间整洁又干净的屋子，就愉快地住了下来。

第二天，当他们来到前台结账时，侍者却对他们说："不用了，因为我只不过是把自己的房间借给你们住了一晚——祝你们旅途愉快！"原来侍者自己在前台值了一个通宵的夜班。

两位老人十分感动，说："孩子，你是我们见过的最好的旅店经营人，你会得到报答的。"侍者笑了笑，说这算不了什么。

没想到有一天，侍者接到了一封信函，打开一看，里面有一张去纽约的单程机票并有简短附信，聘请他去做另一份工作。他来到纽约，按信中所标明的路线来到一个地方，抬眼一看，一座金碧辉煌的大酒店耸立在他的眼前。

原来,几个月前他接待的是一个有着亿万资产的富翁和他的妻子。他们为侍者买下了这座酒店,深信他会经营好这个酒店。

这就是全球赫赫有名的希尔顿饭店首任经理的传奇故事。

生活中的年轻人,当遇到需要帮助的人的时候,你是否愿意停下来为他们想想办法?或许在不经意间,受帮助的不仅是别人,而且还有你自己——爱加上智慧原来是能够产生奇迹的。其实,任何一次助人行为都是完善自我、实现自我价值的机会,怎能不出于自愿?心存善念,多行善事,我们就是自己最重要的贵人。

善意的思考能带来有利的结果

有人说,在人类的灵魂里,同时住着魔鬼和天使,他们一直在角斗。魔鬼一定代表罪恶;天使一定代表善良。魔鬼与天使的差别往往只是一念之差,一步之遥。那么,年轻的你,心里住着的是魔鬼还是天使呢?

善恶一念之间,但为善还是为恶,是可以通过思维控制的,善意的思考和恶意的思考自然而然就导致事物最终走向不同的结果。

比如,在和他人发生争执的时候,特别想驳倒对方或者希望对方自己承认缺点,总之,在解决类似的问题时,是否"体谅"对方会直接导致不同的结果。

关于这一点,稻盛和夫在《活法》一书中也就美日关系进行了一番阐述。

那时候,因为美日关系的紧张,美日双方代表经常会剑拔弩张地争论不休,都企图证明对方"不正确"。稻盛和夫想,这样只会让原本可以好好洽谈的问题夭折,于是,稻盛和夫积极斡旋,成立了以民间为中心、两国坦诚对话的"日美二十一世纪委员会"。

他认为，无论是哪方，都应该尊重对方的立场，不只固执于自己的意见也应充分关心对方的想法，把利他思想作为基础不就能促进对话吗？

他甚至认为，日本应该率先让步。为什么呢？因为战后的日本得到美国的很多恩惠——不留余力提供粮食和技术；或者给日本产品开放了一个巨大市场等——因此日本才能复兴、成长起来。

即使它是美国世界战略的一个环节，但是，他们对我们非常宽容是不争的事实。现在我们若是向对方表示“人文关怀”，应该宽容地让步，掌握利他之心，这难道不是作为“经济大国”的日本应尽的职责义务吗？

基于这样的宗旨，该委员会持续进行了为期两年的讨论后，向日美两国政府递交了建议书。

的确，很多时候，事情的结果往往就取决于我们的思维方式，如果我们选择善意的思维方式，那么，种出的就是善果；而如果我们选择恶意的思维方式，种出的自然也就是恶果，也终将害人害己。

为此，每个年轻人，在你的人生旅途上，也应该警醒自己，心存善念，多为他人着想，那么，你的人生旅途就会越走越宽。

那些真正能善待他人的人才是真正的赢家，因为他们会利用“人情味”来俘获他人的心，即使对方是敌人，也能化干戈为玉帛，让这来之不易的朋友为己所用。因为通常情况下，人们都有一种心理，那些一直反对自己的人如果能肯定自己甚至愿意与自己交好，他会倍感惊喜；而如果当我们身处不利的环境下，对手能拉我们一把，我们甚至会感恩戴德。古往今来，很多成功人士都是利用人们的这一心理来俘获对手的。

有一年，一位亡命之徒为了向企业要挟钱财竟在娃哈哈果奶中投毒，导致两名小学生中毒，而国内一家报纸在未对事实进行核实的情况下擅自刊出了中毒新闻，一时间有五六家媒体进行转载。

恶性事件发生时，娃哈哈集团的董事长宗庆后正在国外考察，当他得知这一情况后，当即打了两个电话：一个打给宣传部门，希望制止这一极易形成模仿效应的新闻继续传播；另一个打给了对手乐百氏总裁何伯权。何伯权当即在第一时间通电全国的营销公司，严令禁止传播、转载这一新闻。而彼时，一些小的果奶企业却以为天赐良机，纷纷把刊发中毒新闻的报纸广为散发，或传真给有关的经销商。

事后，有记者问何伯权，你为什么不抓住这一“机会”打击一下娃哈哈？何伯权说，这种恶性事件的扩散是对整个果奶市场的伤害，乐百氏如果借机贸然出手，其结果是往自己的脸上打重拳。

当乐百氏的竞争对手遭遇危机之时，作为乐百氏总裁的何伯权却并没有乘机打击对手。的确，任何人失败都有其失败的原因，任何人成功也有其成功的原因，何伯权有今日的成就，与其这种大气的做人、做事的态度是有极大关联的。

现实生活中，有一些年轻人，把对手视为心腹大患、异己、眼中钉、肉中刺，恨不得马上除之而后快。这种心态是错误的，其实，你不妨想一想，人生在世，多一个朋友比多一个敌人要好得多，尤其是当其落难的时候，不妨帮他一把，他会把你当成患难之交。曾经有这样一个故事：

一位女士用200元假币买了一袋大米，卖米的那对农民夫妇在返回的路上，又巧遇上买米的那位女士，她不知为何跌伤，在路边痛苦地呻吟着。农民夫妇见状立即相助，将其扶上手推车送到医院。待安置妥当后，二人意欲告辞，谁知那位女士一把拉住他们的手，羞愧地相告：“我买你们大米的钱，用的是假币。”说罢，拿出两张100元真钞，塞到农民夫妇手里。

这个故事带有点戏剧性。农民夫妇以其质朴和善良使得那位女士良心发现，痛改前非。仅仅是一步之遥，她没有跌进良心的谴责之中。有时候，一步之遥的距离可以改变一个人的一生，而更多的时候，我们却无勇气去迈出这一步。

生活中有许多这样的“一步之遥”，真与假、善与恶、美与丑，都是取决于这一步之遥，这其中的关键在于你如何把握自己，不偏离人生的航线。

当然，有个问题必须注意，即博爱和宽容不应该仅仅是挂在终日喋喋不休的嘴边，而是要镌刻在心里。以仁爱之心去爱人，无论是对我们的朋友或

者曾经的敌人，用我们的真诚去打动每一个人，即使真的做一次东郭先生又何妨？

总之，年轻人，你要记住，从天使堕落到魔鬼仅一步之遥，从魔鬼升华到天使亦近在咫尺，选择只由自己。

虔敬谦虚：谦和做事，虚心求教

05

谦虚是最重要的人格要素。“要谦虚，不要骄傲”并非只针对成功后骄傲自大的人，而是要求经营者在小企业成长为大企业的整个过程中，始终保持谦虚的态度。——稻盛和夫

稻盛和夫曾经说过：“任何一个成功的企业家都必须谦虚，如果他不谦虚的话，成功之后他马上会坠落下去。”这句话告诫生活中所有的年轻人，不论你的目标是什么，如果你想要追求成功，谦虚是你必需的具备品质。在你到达成功的顶峰之后，你会发现谦虚更重要——只有谦虚的人才能得到进步。因为有了这种谦虚谨慎的人生态度，你便能常常保持平静的心态、冷静的头脑。自己的工作和生活就会很顺畅地进行下去，你的人生格局就会发生很大的变化，你会向成功之路大踏步前进。

谦虚为人才会获得他人的帮助

在这个错综复杂、五彩缤纷的世界上，不同的人有不同的命运，有的人一生乐观豁达、与世无争，他们谦虚好学，平步青云，一路欢乐，让人赞扬和钦佩；而有的人则骄傲自满、处处受阻，最终导致郁郁寡欢，碌碌无为，抱恨终生，遭人非议、鄙视、唾弃。很明显，我们都愿意选择前者，其实，这两种人生境遇的差异，究其原因，是为人“调”不同。低调做人是一种生存的大智，是一种韧性的技巧，是做人的一种美德。

任何人潜意识里都是争强好胜的，自负是人的本性之一。你的自我表现和炫耀往往会刺伤别人，谦虚正是使你人际交往中受欢迎的有效方法。任何一个年轻人都应该记住，谦虚的人才会在人生路上得到他人的帮助，一路收获成功与友谊。稻盛和夫就是这样一个谦虚的人。

在精密陶瓷这个未曾开拓的领域，他开发了很多新技术和新产品，京瓷以惊人的速度成长发展。同样 KDDI 的发展也令人惊叹。周围的人异口同声称赞他，甚至吹捧他。聚会时奉他为上宾，让他坐上席，要他致词介绍经验，面对这些，稻盛和夫毫不隐瞒地说自己也开了一些思想上的“小差”。他是这样说的：“虽然我不断自我告诫要虚心，但久而久之，有时仍不免自我陶醉，在心底一角冒出自满情绪。我那么拼死努力，业绩如此辉煌夺目，接受这样的礼遇不是理所当然吗？”

但稻盛和夫自我反省意识是很强烈的，他很快意识到自己思想的不正确：“不行不行！自满情绪要不得。”立即检点反省自己。即便后来他来到寺院修行，他依然会出现这些心理上的反复。

稻盛和夫是这样告诫自己的：“仔细想来，我所具备的能力，我所发挥的作用，并没有非我不可的必然性。别人拥有同样的才能，扮演与我相同的角

色，也没有任何不妥当，没有任何不可思议之处。至今我所做的一切，别人也可以取而代之。所有这一切，都是上天偶尔赏赐予我，我不过努力加以磨炼而已。我想，任何人的任何才能都是天授，不！才能只是从上天借来之物。因此，杰出的才能，由这才能创造的成果，属于我却不归我所有。才能和功劳不应由个人独占，而应该用来为世人、为社会谋利。就是说自己的才能用来为'公'是第一义，用来为'私'是第二义。我认为这就是谦虚这一美德的本质所在。"

从稻盛和夫的经历中，我们便可以看出，他的成功是必然的，因为他真正做到了虚心向上，即便已经坐拥财富，他依然认为，这些不能独占，不能归自己所有。

西周时，周公辅佐成王，励精图治，思贤若渴，前来投奔的人非常多。他有时候洗一次头，几次握着散开的头发去见客；吃一顿饭，也数次吐出含在嘴里的食物去接待客人。即使这样，犹恐怠慢、埋没了来投奔的贤士。周公以"握发吐哺"的精神使天下人心所向，四夷宾服。周公告诫自己的儿子伯禽说："圣上让你治理鲁国，你一定要谨守谦恭啊！要知道天的道理，不论什么，凡是骄傲自满的，就要使他亏损，而谦虚的就让他得到益处。地的道理，不论什么，凡是骄傲自满的，也要使他改变，不能让他永远满足；而谦虚的则要使他滋润不枯，就像低的地方，流水经过，必定会充满了他的缺陷；而人的道理都是厌恶骄傲自满的人，而喜欢谦虚的人啊！"

因此，对于那些年轻人来说，一定要保持谦虚，低调做人是成熟的标志，是保护自己的一种策略，也是为人处世的一种基本素质，年轻人应该像向日葵一样，在成长的过程中，它们镶嵌着金黄色的花瓣，高昂着头，但一旦籽粒饱满，它便会低下沉甸甸的头，因为它成熟了、充实了。东汉名将冯异就是一个低调做人的人，他品格高洁、才能出众，在中国历史上传为佳话，至今也是值得年轻人借鉴的榜样。

冯异驰骋沙场几十年，战功累累，是汉光武帝刘秀中兴时的杰出统帅，他有帅才，却从不使气，虽战功赫赫，却仍低调做人。每次战役结束后，诸将

并坐论功时，他为了避功，把封赏让给部下，常常独坐在大树下读书思过，因而军中称他为“大树将军”。

更始元年，大司马刘秀率王霸、冯异等将领历经艰险攻克邯郸，擒斩王郎，平息叛乱。冯异在邯郸之战中，千方百计克服种种困难，连夜为夜宿河北晓阳地区的大军筹措粮秣，熬煮稀豆粥，使将士饥寒俱解，恢复战斗力。

刘秀率军行至南宫时，正逢大雨滂沱，寒气逼人，又是冯异四处奔波，取薪燃火，供将士取暖烘衣，送上热气腾腾的麦饭，使官兵衣干腹饱，重上战场。

邯郸之战，刘秀大胜。他赞扬冯异“功勋难估，当为头功”。正当刘秀召集将领盘坐旷野、论功行赏时，冯异却独自离众，待在一棵老槐树下聚精会神地读《孙子兵法》。当侍卫连拖带拉地将冯异带到刘秀跟前时，冯异却对封赏一再推让。实在推托不掉，他便建议将此功让给属下的一名偏将，令这位偏将大受感动。刘秀见冯异淡泊功利，又赏他许多金银，冯异却悉数分给这次作战中表现勇猛的士卒。

冯异的这种处事方式，是一种大智慧，“良贾深藏才若虚，君子盛德貌若愚”。这句话的意思其实就是：聪明的商人总是隐藏其宝物，君子品德高尚而外貌却显得愚笨，这就是一种低调。低调做人是非常值得赞赏的一种做人的品格。冯异就是一个低调的人，这种做法使他调动起部下来得心应手，部卒愿意为他效力，同级之人佩服他，上司也欣赏他。

我们再来看下面一个职场故事：

一个年轻人寄了许多履历到一些贸易公司应聘。其中有一家公司写了一封信给他：“虽然你自认为文采很好，但是从你的来信中，我们发现你的文章写得很差，而且文法上还有许多错误。”他非常生气，但转念一想：“对方可能说得对，或许自己在文法及用词上犯了错误，但一直不知道。”于是，他写了一张感谢卡给这个公司。几天后，他再次收到这家公司的信函，通知他被录用了。

这个职场故事同样告诉年轻人们，人们都喜欢谦虚的人，而不愿意与自以为是的人为伍。

生活中，也有一些年轻人的确“才高八斗”，但却自恃才高，居功自傲，结果引来别人的排挤，于是，哀叹“世态炎凉”、“时运不济”，其实，他们更应该思考的是，自己在做人方面是不是有什么失误。要想获得友谊，赢得良好的人际关系，就要平和待人，切不可自以为是；要想赢得成功，就更要学会低调做人。

年轻人，人生的路还很长，只有沉稳、谦虚地走，才会走得长远，才会最终达到梦想中的那个目标！

想有所进步就要懂得求教

俗话说“金无足赤，人无完人”，无论是谁，都有优点、长处，也都有缺点、短处。年轻人要想进步，就必须要虚心向别人学习，做到取人之长补己之短，如此，才会有进步。然而，生活中，有一些年轻人，他们年少轻狂，在他们的眼里，谁都不如自己，目空一切。也许他们是有很多过人之处，但任何人都不是全才，如果停止了学习的脚步，就会故步自封，止步不前。而只有取人之长补己之短，才能做到不断完善自己，少走很多人生的弯路。

对此，稻盛和夫告诉所有的年轻人，要始终保持谦虚谨慎的态度面对人生，因为只要以一颗谦虚的心面对人生，人就会专注自己的工作，就会坚持努力工作，内心会处于一种不知足、进取的状态，他的内心一定会这样说：我还有很多不足之处，还要继续努力学习，还有很多工作做得不好，还要努力把它做得更好一些。按照这样的一种方式来对待自己的人生，越是谦虚谨慎，自己的工作就会做得到位，自己的人生就会充满光彩。

“有了这种谦虚谨慎的人生态度，我们时常保持平静的心态、冷静的头脑。自己的工作和生活就会很顺畅地进行下去，比起那些骄傲自满的人来

说，这是更容易得到社会的认可，周围人的尊敬。你的人生格局就会发生很大的变化，你会向成功之路大踏步前进。”

年轻人，你可能会觉得自己比他人聪明、学习能力比他人强，但你更应该将自己的注意力放在他人的强项上，只有这样，你才能看到自己的肤浅和无知。谦虚会让你看到自己的短处，这种压力会促使你在事业中不断地进步。实际上，历史上有许多杰出的人士都非常注重向别人学习。同时，一个人有才能是件值得佩服的事，如果再能用谦虚的美德来装饰，那就更值得敬佩了。

洪堡是德国著名的探险家、自然科学家，是近代气候学、自然地理学、植物地理学和地球物理学的创始人之一，他对生物学和地质学也有很深的造诣，在科学界享有极高的声誉，被当时的人们尊为“现代科学之父”。

尽管如此，洪堡却是一个十分谦逊的人。他尊重别人，从不自满，直到晚年还刻苦学习。在柏林大学的一间教室里，每当著名的博克教授讲授希腊文学和考古学的时候，课堂里总是挤满了学生。在这些青年学生中间，人们常常会看到一位身材不高、穿着棕色长袍的老人。这位白发苍苍的老人也像别的学生一样，全神贯注地听课，认真地做着笔记。晚上，在里特教授讲授自然地理学的课堂里，也经常出现这位老者的身影。有一次，里特教授在讲一个重要地理问题时，引用了洪堡的话作为权威性的依据。这时，大家都把敬佩的目光投向这位老人。只见他站起身来，向大家微微鞠了一躬，又伏身课桌，继续写他的笔记。原来，这位老人就是洪堡。

洪堡曾说过：“伟大只不过是谦逊的别名。”他正是这样一位谦逊的伟人。越是有成就的人，越是深知谦虚学习的重要性，“梅须逊雪三分白，雪却输梅一段香”。一个人要想真有长进，不仅需要谦逊，而且还要有雅量，要放下架子，不耻相师。伟人尚且能做到如此，那么，平凡的我们呢？是否也应该反省一下，找出自己的不足，然后通过学习加以弥补呢？

前世界首富也就是美国华顿公司的总裁山姆·沃尔顿，他创立了沃尔玛企业，资产已经超过了250亿美金，他的家族现在还是世界上最有钱的家族之一。山姆·沃尔顿以前就会不断地去考察竞争对手的店面,不断地想办法说他到底哪里做得比我好?回去之后就问自己,以及告诉自己的员工说:那我们要如何做得比竞争对手更好?我们到底有哪些服务不周的地方需要改善?

成功是没有止境的,无论是做人还是做事,妄自尊大和妄自菲薄都是严重的错误。只有虚怀若谷,成功才会不断光顾你。因为谦虚者的进取是永无止境的,对好的评价只是淡淡一笑。他们是伟大的苍鹰,在天空飞翔。谦虚是天堂的钥匙,给谦虚者一条成功的道路。牛顿说过:"如果说我看得远,我就站在巨人的肩膀上。"伟大的居里夫人面对成功只是淡淡一笑。人类历史上的名人伟人都如此谦虚,所以你也要养成一种"虚怀若谷"的胸怀,都要有一种"虚心谨慎、戒骄戒躁"的精神。用有限的生命时间去探求更多的知识空间吧!

每一个人都必须非常了解自己的优点和缺点,同时不断地改正自己的缺点,这样成功的几率会比较大。一个人的知识和本领总是非常有限的,所以,应该谦虚一些,多向别人学习。不自夸的人会赢得成功;不自负的人会不断进步。而我们不缺乏学习,而是缺少发现,这取决于你用什么眼光、从什么角度去看待每个人。"三人行,必有我师",要善于取人之长补己之短,不懂、不会就要不耻下问,切忌不懂装懂,掩耳盗铃,自欺欺人。待人接物要礼让谦恭,用谦虚的态度博得他人的认可,在与人交往中不断提升自己的水平。

因此,每个年轻人,首先就要树立正确的观念,这样才能学得自觉、学得长久,提高能力素质。实践告诉我们,善借外智,才能思路开阔;善借外力,才能攀上高峰,一个国家和民族才能兴旺发达,否则,结果只能有一个:停滞不前。

要做到真正的求教,还需要你做到持之以恒,三天打鱼、两天晒网的学习是不能产生令人满意的效果的。向他人学习必须从不自满开始,无论取得多好的成绩,也不能停止求学的步伐。

随着社会的不断发展，人人都在不断向前迈进。年轻人，你要想成长、进步，就必须放下“架子”，丢掉“面子”，虚心地向他人请教，见先进就学，见好经验就学，才能不断提高，不断进步，实现自己的人生理想与追求。

谦虚之心能召来幸福、净化灵魂

中国古语中有“唯谦受福”的格言，意思是傲慢得不到好运和幸福，只有谦虚的人才遭遇好运、获得幸福。天才作家卡里·纪伯伦在《贪心的紫罗兰》一文中也讲了一则故事：玫瑰花听到邻居紫罗兰的哀叹，便笑着摇了摇头说：“在百花群里，你最糊涂。你身在福中不知福。大自然赋予你其他花草都不具备的芳香、文雅和美貌。你要知道虚怀若谷的人永远不会感到贫困和饥荒，且心胸开阔无比高尚。”的确，包容是谦逊、虚怀若谷的品德。人类成熟的重要标志之一就是谦虚。当一个人把谦虚当作美德发扬时，这个人也就具备了感人的魅力。

生活中的年轻人，无论现在你有多大的成就，都要虚怀若谷，只有做到这点，你才会不断地收获。

在稻盛和夫经营哲学中就有一条——要谦虚，不要骄傲。的确，企业管理与经营过程中，领导者的人格魅力与感召力是一个重要因素，如果稍微有点盈利就沾沾自喜，不知天高地厚，那么他们的企业就得不到进一步的发展。如果失去谦虚之心，傲慢起来，那么靠神灵的保佑好不容易才提升的收益，会转眼间就会出现赤字。为此，他告诉他的部下：“我希望在座的各位把保持谦虚的姿态铭记在心。”

谦虚的人有时会被认为是傻瓜，其实觉得谦虚的人是傻瓜的人才是真正的傻瓜。“人生在世，有时需要强调自我，坚持自己的主张。但是谦虚这个有代表性的美德渐渐被我们遗忘，却不能不说是日本社会莫大的损失。

住在这个国家里不再感到愉悦，失却谦虚礼让是原因之一——这绝不是我一个人的想法。确实，对凡人而言，要始终保持谦虚绝不是容易的事。我这么强调谦虚，但骄傲自大之心有时仍然让我有些趾高气扬。”

其实，从稻盛和夫的观点中，我们发现，任何一个人，无论是经营企业还是待人处事，都要放低自己、学习他人，但这并不是要求我们完全放弃自己成为他人。而是说应当尽量对我们成长有利的部分，修正补充自己，求大同、存小异，包容对方。

说到谦虚，也许有人会感到没有面子，但这种想法不正确。人，往往正因为没有内涵，才需要自吹自擂，借此来满足自己的显示欲。

格兰特将军恰是一个谦逊、心胸宽广的人。

开往费城的火车上，中途有一个女人上了车，她径自走进一节车厢，并选了一个座位坐下。这时，她对面的一个男人点燃了一支香烟，深深地吸了几口。女人闻着烟味就难受，她故意扭了扭头，轻咳了几声，想提醒对方不要吸烟。可是那男人完全没有注意到她的举动，还是若无其事地吸着。

女人忍无可忍，生气地对那男人说：“先生，你可能是外地人吧，这列火车专门有一间吸烟室，这里是不允许吸烟的。”听女人这样说，男人完全明白了，他微笑着，歉意地将手里的香烟掐灭，丢到了车窗外。

一会儿，几个穿着制服的男人走了进来，他们来到女人身边，对女人说：“这位女士，很对不起，你走错车厢了，这是格兰特将军的私人车厢，请你马上离开。”

女人惊悚不已，原来坐在她对面的就是大名鼎鼎的格兰特将军，她感到非常害怕。但格兰特将军没有丝毫责怪她的意思，他的脸上依然挂着淡淡的微笑，和蔼可亲地对下属说：“没事，就让这位女士坐在这儿吧。”

格兰特将军的宽容赢得了女士的敬重。

生活中，我们发现，那些越是地位崇高越是成功的人，越是心胸宽广，越是虚怀若谷。因为虚心的力量是巨大的。它既让人们的头脑保持清醒，品行不入蛮俗，又会为人们创造左右逢源的生存、成长和立业的环境。

的确，世上的人们性格不同，个性各异，对事物的见解也是仁者见仁，智者见智。古之圣贤充份尊重他人的见解，遇事为他人着想，从善如流，为后人做出了楷模。

“读教益，知虚怀若谷，求益无方，弥深感叹”，年轻人，只有虚怀若谷，才能够认真审视自身不足和缺陷，虚心接纳不同忠言和劝诫，克服消极和挫折所承受的负面影响和压力。

天外有天，骄傲会毁了一切

生活中，我们会发现这样的一个现象：交通事故的肇事司机都不是新手上路，而是技术熟练者；工作上出现纰漏的人也绝非都是经验尚浅的人，很多都是那些自恃资深的老手。这说明：人们在成绩面前容易自我膨胀，飘飘然，以为很了不起，放松了要求，结果，祸由骄傲生！的确，任何时候，如果骄傲自满，就无法保持思想上的清醒，就会导致工作上的失败、导致事故的发生等。生活中的年轻人，只要敢闯、有冲劲儿，很容易在事业上取得一些成就，但在成就面前要记住，无论过去有何等荣誉，都已经成为过去，现在要做的就是保持清醒的头脑、看清形势并放眼未来，这样，才能稳扎稳打，走好人生的每一步。

稻盛和夫曾经在与中国某企业家交谈时说：“任何一个成功的企业家都必须谦虚，如果他不谦虚的话，成功之后他马上会坠落下去。”

的确，人会有自满情绪，尤其是当自己取得了一定的成绩后，心态便会变得不一样，甚至在穿着打扮上也会超前很多，说话、动作都会狂妄起来，并急于把自己的成绩告诉别人，生怕别人不知道，他满以为这样，周围的人会对他刮目相看。而对于周围人的吹捧，他也很享用。但是，只要有这种感觉，人的意志就会消沉，人的精神就会沉浸于那种享用中，不会再努力去工

作，而是刻意追求名利。自己的工作如果再努力一些，也许会做得更好，但这时候的自己已很满足，“差不多就行了”的思想慢慢在内心占了主导地位。人生也可能就此到头了。

同样，生活中的年轻人在各种社会大潮的冲击下，你也需要保持清醒的头脑，不要丧失自己做人的原则。在成就面前，不要利令智昏，让虚荣心钻了空子。你需要记住的是，天外有天，人外有人，有时候，不经意间，你会发现，你需要学习的还有很多。

美国有位牧师，第二天要去进行一次隆重的布道演讲，但踌躇再三，一直找不到合适的讲题，偏偏他的小孩又在边上捣乱。他就拿了一张世界地图，几下将它撕成碎片，交给小孩，说：“如果你能将这张地图拼好，我给你两块钱。”小孩高高兴兴地就拿过去了。牧师心想：这张地图够孩子忙上几个小时了，自己也正好准备一下演讲。岂料过了不到几分钟，小孩就兴高采烈地跑出来，说地图已经拼好。牧师接过一看，果然一张完整的世界地图又呈现在眼前，他奇怪地问：“你怎么能这么快就拼好了呢？”小孩回答：“地图反面是一张人头像，我把人头像拼好了，地图也当然就拼好了。”

从这个故事中，我们发现，人们常常有这样的思维模式，自己小有成就，自己的下属、晚辈毕竟不如自己，但事实并不是如此，任何人身上都有值得我们学习的地方。

如果一个杯子有些浑水，不管加多少纯净水，仍然浑浊；但若是一个空杯，不论倒入多少清水，它始终清澈如一，学习和创业都是如此。这就是我们常说的“空杯理论”。年轻人要想不断进步，就必须保持空杯心态，脱胎换骨，虚心学习，全面接受新知识，全面适应新环境，全面构建新素质，而不能骄傲自满，更不能自以为是。

有个老人在河边钓鱼，一个小孩走过去看他钓鱼，老人技巧纯熟，所以没多久就钓了满篓的鱼。老人见小孩很可爱，要把鱼送给他，小孩摇摇头，老人惊异地问道：“你为何不要？”小孩回答：“我想要你手中的钓竿。”老人问：“你要钓竿做什么？”小孩说：“这篓鱼没多久就吃完了，要是我有钓竿，我就可以自己钓，一辈子也吃不完。”

可能你会说：好聪明的小孩。错了，他如果只要钓竿，那他一条鱼也吃不到。因为，他不懂钓鱼的技巧，光有鱼竿是没用的，因为钓鱼重要的不在钓竿，而在钓技。有太多人认为自己拥有了人生道路上的钓竿，再也无惧于路上的风雨，如此，难免会跌倒于泥泞地上。就如小孩看老人，以为只要有钓竿就有吃不完的鱼，就像伙计看老板，以为只要坐在办公室里就可以日进斗金。这个故事告诉我们什么呢？也许我们需要学习和掌握的东西还有很多很多，也许我们不能把一切想象得那么简单。

有一个国王，他统治着属于自己富足而强盛的王国，非常快乐。但有一天他觉得很惶恐，于是召集王宫中的智者说：“我很想找到一个钟，用来使我安定。当我不快乐时看它，它会使我快乐，在我快乐时看它，它会使我忧愁。”智者绞尽脑汁终于设计出一个钟，上面刻着一句话：“这，也将成为过去。”

这则寓言故事告诉年轻人：世上的事，无论快乐还是忧伤，都将成为过去！明白了个中道理，就能够控制好自己的情绪，能够将快乐和忧伤两种完全不同的情绪在心中自由转换，始终保持理智清醒的状态。

保持理智与清醒才能做到成绩面前不骄躁、挫折面前不气馁。

关于挫折，一般来说，人们会有以下两种态度，要么是破罐子破摔，要么是从挫折中吸取教训并努力改正。很明显，第二种态度更有利于我们的成长。工作、生活中，我们难免会发生失误，面对问题，我们要的不是推卸责任、逃避或者一蹶不振等，而是应该保持清醒的头脑，找到问题的所在，吸取教训，主动承担，尽量做到不再犯同样的错误。

因此，要保持理智与清醒，正确看待问题，正确分析发生问题的原因，尤其是要主动地积极地检讨反省自己的过失，进而改正错误，使自己的工作重新回到安全的轨道上来。

事实上，无论是成绩还是失误，都已成为过去。我们要从稻盛和夫的话中获得启示，对已经发生的事情保持理智与清醒，成绩面前不盲目自大，事

故面前不怨天尤人,始终保持良好的心态,做好正在做的事。

自我提升之门只能由内而外打开。成功的关键在于你一定得认识和了解自己,而这件事只有你自己才能完成,也是一个非得靠你才能解答的问题。谁能左右你的命运?谁能永久激励你?谁能保证你获得成功?答案是你自己,别人只能帮你推波助澜而已!所以,要获得成功,首先要先研究、了解自己,自己才是自己的最佳导师。

积极乐观：人生因心态而改变

人生并非“偶然”的连续，好事坏事交替而来才是人生。——稻盛和夫

稻盛和夫在他的《活法》一书中说：“人生因心态而改变。”为此，他提出了“六个精进”。每个年轻人都应该记住稻盛和夫的话，若想获得一个成功的人生，不仅要积累基础知识，更要修炼你的心性，让自己拥有一个良好的心态——乐观、积极，这样才能活好当下，全身心投入你现在的生活和工作才是基础。未来靠的是现在，现在做什么、怎样做、要达到什么目标，才能决定未来是怎样。

乐观是让你能够生存下来的心态

人生在世，谁都不甘于平庸，谁都希望成功，但我们又不得不面对这样一个事实：在这个世界上，成功卓越者少，失败平庸者多。成功者自信、潇洒，而失败者空虚、自卑。而如果你仔细观察、比较，你会发现，造成这一差异的原因在于他们的心态不同。成功者始终用积极的思考、乐观的精神和辉煌的经验支配和控制自己的人生，他们用积极的意念鼓励自己，于是便能想尽办法不断前进，直至成功。而失败人士则习惯于用消极的心态去面对人生，他们受过去的种种失败与疑虑所引导和支配，他们空虚、猥琐、悲观失望、消极颓废，最终走向了失败。

成功学的始祖拿破仑·希尔说，一个人能否成功关键在于他的心态。一个人如果心态积极，乐观地面对人生，乐观地接受挑战和应付麻烦事，那他就成功了一半。因此，生活中的每一个年轻人，无论你处于什么样的现状下，无论何时，你都应该乐观处事，给自己希望。

稻盛和夫有句名言：心态决定命运。的确，可能很多年轻人会把自己的不幸归结为命运。然而，稻盛和夫却说："所谓命运，在我们的生命期间俨然存在。但是，它不是人类力量无法抗拒的'宿命'，而是因我们的内心而改变。人生是由自己创造的，能够改变命运的只有一个，就是我们的内心。在日本思想里，这就是'立命'。人生有盛衰荣辱，即使认为自己的命运是用自己的双手开拓的人，其人生低谷与高峰、幸福与不幸也是由自己的心相呼唤而至的。发生在自己身上的一切，都是由自己播下的种子。"

稻盛和夫告诉所有年轻人，人生的色彩是绚烂还是灰暗，取决于你的心相。因此，我们每个人都是自己命运的主人，生命是属于我们自己的，我们都应该根据自己的愿望去生活。抱着这样的信念，无论我们遇到什么，无论受多大痛苦心情多么沉重，都要乐观、坚持住，绝不向所谓的命运低头。

人们常说，逆境与不幸能造就一个人，也能毁灭一个人。这句话是有道理的，你不在绝境中发迹，就在绝境中沦落。处在绝望境地的奋斗，最能启发人潜伏着的内在力量；没有这种奋斗，便永远不会发现真正的力量。

美国人克里斯托弗·里夫因在电影《超人》中扮演超人而一举成名。但谁能料到，一场大祸会从天而降呢？

1995年5月27日，里夫在弗吉尼亚一个马术比赛中发生了意外事故，以致头部着地，第一及第二颈椎全部折断。5天后，当里夫醒来时，医生说不能够确保里夫能活着离开医院。

那段日子里夫他万念俱灰，许多次甚至想轻生。出院后，为了平缓他肉体和精神上的伤痛，家人便推着轮椅上的他外出旅行。有一次，小车正穿行在落基山脉蜿蜒曲折的盘山公路上。里夫静静地望着窗外，发现每当车子行驶到无路的关头，路边都会出现一块交通指示牌："前方转弯！"或"注意！急转弯"。而拐过每一道弯之后，前方照例又是一片柳暗花明、豁然开朗。山路弯弯、峰回路转，"前方转弯"几个大字一次次地冲击着他的眼球，也渐渐叩醒了他的心扉：原来，不是路已到了尽头，而是该转弯了。他恍然大悟，冲着妻子大喊一声："我要回去，我还有路要走。"

从此，他以轮椅代步，当起了导演。他首席执导的影片就荣获了金球奖；他还用牙关紧咬着笔，开始了艰难的写作，他的第一部书《依然是我》一问世就进入了畅销书排行榜。与此同时，他创立了一所瘫痪病人教育资源中心，并当选为全身瘫痪协会理事长。他还四处奔走，举办演唱会，为残障人的福利事业筹募善款，成了一个著名的社会活动家。

最近，美国《时代周刊》报道了里夫的事迹。在这篇文章中，他回顾自己的心路历程时说："以前，我一直以为自己只能做一位演员；没想到今生我还能做导演、当作家，并成了一名慈善大使。原来，不幸降临的时候，并不是路已到了尽头，而是在提醒你：你该转弯了。"

一次偶然的事件让原本几乎绝望的克里斯托弗·里夫重新选择了一条

人生的路。在这条路上，他同样取得了成功甚至是辉煌。在面对身体上的巨大折磨时，和克里斯托弗·里夫一样，可能很多人都会有轻生的念头，但是，请想一下，如果选择了真正的绝望，向所谓的命运妥协了，那么，你就真的彻底失败了；而如果你选择另外一种心态，放手一搏，即使微乎其微的机会也有可能赢得成功。

生活中，失败平庸者多是心态有问题。遇到困难，他们总是挑选容易的倒退之路："我不行了，我还是退缩吧。"结果陷入失败的深渊。成功者遇到困难，仍然保持积极的心态。

在推销员中，广泛流传着一个这样的故事：两个欧洲人到非洲去推销皮鞋。由于炎热，非洲人向来都是打赤脚。第一个推销员看到非洲人都打赤脚，立刻失望起来："这些人都打赤脚，怎么会要我的鞋呢？"于是放弃努力，失败沮丧而回；另一个推销员看到非洲人都打赤脚，惊喜万分："这些人都没有皮鞋穿，这皮鞋市场大得很呢。"于是想方设法引导非洲人购买皮鞋，最后发大财而回。

这就是心态不同导致的天壤之别。同样是非洲市场，同样面对打赤脚的非洲人，由于一念之差，一个人灰心失望，不战而败；而另一个人满怀信心，大获全胜。

可能很多人会产生疑问，如何才能具备积极的心态呢？其实，这完全在于我们自身的选择，拿破仑·希尔曾讲过这样一个故事，对我们每个人都极有启发。

塞尔玛陪伴丈夫驻扎在一个沙漠的陆军基地里。丈夫奉命到沙漠里去演习，她一个人留在陆军的小铁皮房子里，天气热得让人受不了——在仙人掌的阴影下也有华氏 125 度。她没有人可聊天——身边只有墨西哥人和印第安人，而他们不会说英语。她非常难过，于是就写信给父母，说要丢开一切回家去。

她父亲的回信只有两行，这两行字却永远留在她心中，完全改变了她的生活：

两个人从牢中的铁窗望出去，一个看到泥土，一个却看到了星星。

塞尔玛一再读这封信，觉得非常惭愧。她决定要在沙漠中找到星星。

塞尔玛开始和当地人交朋友，他们的反应使她非常惊奇，她对他们的纺织、陶器表示兴趣，他们就把最喜欢但舍不得卖给观光客人的纺织品和陶器送给了她。塞尔玛研究那些引人入迷的仙人掌和各种沙漠植物、物态，又学习有关土拨鼠的知识。她观看沙漠日落，还寻找海螺壳，这些海螺壳是几万年前这沙漠还是海洋时留下来的……原来难以忍受的环境变成了令人兴奋、流连忘返的奇景。

是什么使这位女士内心发生了这么大的转变呢？

沙漠没有改变，印第安人也没有改变，但是这位女士的念头改变了，心态改变了。一念之别，使她把原先认为恶劣的情况变为一生中最有意义的冒险。她为发现新世界而兴奋不已，并为此写了一本书，以《快乐的城堡》为书名出版了。她从自己造的牢房里看出去，终于看到了星星。

因此，所有的年轻人们，无论命运把你抛向任何险恶的境地，你都要毫无畏惧，用你的笑容去对付它！而如果你能选择不把挫折拿来当成放弃努力的借口，那么，或许你们可以用一个新的角度来看待一些一直让你们裹足不前的经历。你可以退一步，想开一点，然后你就有机会说："或许那也没什么大不了的！"

把抱怨的时间用在努力提高自己上

在人生道路上，困难和挫折是难免的，人生起起落落也无法预料，尤其是对于那些初入社会的年轻人，你们需要走的路还很长，要想成功，也必定会困难重重。但是有一点你们一定要牢牢记住：积极乐观、永不绝望。当遇到逆境时，千万不要忧郁沮丧，无论发生什么事情，无论你有多么痛苦，都不

要怨天尤人、沉溺于其中无法自拔，不要让痛苦占据你的心灵。困难来临时，如果有时间抱怨，还不如鼓起勇气，努力前进、提高，以顽强的意志战胜困难。

稻盛和夫在经营日本京瓷和DDI公司期间，就曾遇到过很多困难，但无论什么样的困难，他都倾注了极大的热情，并努力寻找解决之道，从而让自身的能力和公司的实力得到了惊人的提高。他说，那时候的我接受了大大超出我们现有技术水平的工作，就这个意义来讲，也可以说是我过于鲁莽了。

在创业初期，稻盛和夫和他的团队不得不接受一些项目，这些项目通常是那些大型厂家因为困难而不愿接受的。作为中小企业，不接受这样的项目是很少拿到其他项目的。

这些有高难度的项目，稻盛和夫从来不说“我做不到”，也不含糊其词地说“也许可以”，而是鼓起勇气断言“我能行”，然后，他把这个困难的项目承揽下来。每一次他的部下都不知所措，畏缩不前。

在接到项目之后，他总是热情地为部下出谋划策，告诉他们如何去做，告诉他们如果该项目成功的话将给公司带来多大的好处，于是所有相关人员产生饱满热情，努力接受挑战。每一次面对困难时，他都激励大家：“所谓已经不行了，已经无能为力了，只不过是过程中的事，竭尽全力直到极限就一定能成功。”

稻盛和夫说：“对看似高不可攀的目标毫不畏缩，倾注极大热情，一心一意地钻研。这使得我们自身的能力得到惊人的提高，或者说让沉睡中的巨大潜能迸发出来。”

所以，年轻人应该从稻盛和夫的话中得到启示，哪怕是无能为力的事，那也只是现在的自己无能为力，将来的自己一定能行，只要你少点抱怨，把精力放在如何提高自己上就没有实现不了的梦想。

我们再来看下面一个故事：

有位在澳大利亚的留学生，有一天在唐人街找工作的时候买了份报纸，看见报纸上刊出了澳洲电讯公司的招聘启事。面对年薪五万的职位，这个留学生的各项条件都比较优秀，因此，很快，他就在众多应聘者中脱颖而出了。留学生原以为会马上签约，但不想招聘主管却出人意料地问他："你有车吗？你会开车吗？我们这份工作时常外出，没有车寸步难行。"这个直观提出的问题是很合理的，因为在澳大利亚，公民普遍拥有私家车，无车者寥若晨星，可这位留学生初来乍到还没有能力买车，也没有学车。为了争取这个极具诱惑力的工作，他不假思索地回答："有！会！"

"4天后，开着你的车来上班。"主管说。

4天内要买车、学车谈何容易，但为了生存，留学生豁出去了。他在华人朋友那里借了500澳元，从旧车市场买了一辆外表丑陋的"甲壳虫"。

第一天他跟华人朋友学简单的驾驶技术；第二天在朋友屋后的那块大草坪上模拟练习；第三天歪歪斜斜地开着车上了公路；第四天他居然驾车去公司报了到。时至今日，他已是澳洲电讯公司的业务主管了。

生活中的年轻，如果你也遇到这种情况，你会怎么做呢？可能你会选择放弃吧，可能你会抱怨吧，抱怨自己没有一个富裕的家庭，不能为自己购买一辆车；抱怨自己没有学车，但这位留学生则不同，他的这种思维方式很值得学习。

任何社会中的人都存在强弱之分，但更普遍的是强者更强，弱者更弱，弱肉强食。为什么会这样呢？因为弱者很多时候并不是努力充实自己，让自己变强，而是花费太多的时间抱怨，抱怨命运的不公。他们可能不明白，绝对的不公平是不存在的，能力强才是硬道理。因此，既然我们没有办法选择社会环境，为什么我们不选择改变自己呢？因此，年轻人与其去抱怨，不如努力提高自己，为自己在未来的竞争中处于优势而提前练好功力，这才是正道。功力都不想练，却想能够成为赢家，天下有这么好的美事吗？

年轻人，可能现在的你每天为生活奔波，生活、工作压得你喘不过气来，你开始抱怨生活、抱怨上司、抱怨家人。而其实，有压力才有动力，压力带给我们的不仅仅是痛苦和沉重，还能激发我们的潜能和内在激情，让我们的潜

能得以开发。如果说，人一生的发展是不易反应的药物，那么压力就是一剂高效的催化剂。它不是鼓励你成功，而是逼迫你成功，让你没有选择不成功的余地。他带给人的，不仅仅是痛苦，更多的则是一种对生命潜能的激发，从而催人更加奋进，最终创造出生命的奇迹。

有位名不见经传的年轻人，第一次参加马拉松比赛就获得了冠军，而且还打破了世界纪录。

当他冲过终点时，记者蜂拥而上，不断地追问："你怎么会取得这么好的成绩？"

年轻人气喘吁吁地回答："因为我的身后有一匹狼。"

所有的人听后都惊恐地回头张望，但并没看到他身后有什么可怕的东西。

这时他继续说：三年前，我在一座山林间训练长跑，每天凌晨教练喊我起床练习，虽然我用尽全力，也总是没有进步。

"有一天清晨，在训练途中，我忽然听到身后传来狼的叫声，刚开始声音很遥远，可是没几秒钟就已经来到我的身后。当时我吓得不敢回头，只知道拼命奔跑逃命。于是，那天我的速度居然是最快的。"

年轻人顿了顿，又说："回来后教练跟我说，'原来不是你不行，而是你身后少了一匹狼！'我这才知道，原来根本没有狼，是教练伪装出来的。从那以后，只要训练时，我就想着自己身后有一匹狼正在追赶，包括今天的比赛，那匹狼仍然在追赶着我，我必须战胜它！"

我们每个人都和这位年轻人一样，有着自己的人生目标。可是，我们的身后有"狼"吗？这只狼实际上就是压力。如果在人生路上毫无压力、过于安逸，那么，我们注定平淡、碌碌无为，如果有只"狼"在我们身后追赶着我们前进，我们势必会攀上人生的高峰。

实际上，从某种意义上说，上天对我们每个人又是公平的，因为每个人都有改变自己命运的机会，为什么有些人能攫取成功的果实，有些人却只能甘于平庸？其中一个很大的原因就是我们能否以正确的心态面对生活、面

对困难。命运在为我们创造机会的同时,也为我们制造了不少困难。如果你在困难面前倒下了,那么你也就失去了成功的机会;如果你经过困难的锤炼后变得更加坚强,那么你就是真正的强者。不甘于平庸,不想成为失败者,那你就要有勇气面对困难,而不是抱怨。

所以,生活中的年轻人,虽然我们经常会遇到挑战和困难,它会让你身心疲惫,但这些困难也会让人的意志变得更加坚强,性格更加成熟,能力更加提高,从而最终战胜对手。因此,从现在起,抛却那些无谓的抱怨吧,努力提高自己,战胜困难,才能在时间的无涯荒野里种下自己的理想之树,随着生命的律动,春华秋实。

对任何细小的事情都该心怀感恩

人生旅途漫漫,难免会遇到很多困难,但幸福与否绝对取决于我们的心态。如果你懂得感恩,那么,你会发现,活着就是一种幸福;而如果你内心欲望无止境,那么,即使家财万贯也无法填满你的内心。

在稻盛和夫提出的"六个精进"中就有一条:感谢生命——只要活着就是幸福,培养对任何细小的事情都心怀感激的心性。关于这一点,稻盛和夫在儿时就已有体会。

那时候,他还是四五岁的孩子,他的家乡有拜佛的宗教习惯。

一天,父亲带着他和其他几对父子一起上山,他跟着父亲,借灯笼的微明攀登在昏暗的山路上。一路上,大家默默无言,沉浸在恐怖的神秘氛围之中,幼小的他也费力地紧跟在父亲身后。

登山的终点是一户人家,进去后,壁龛中有一个气派的佛龛,佛龛前穿着袈裟的和尚正在诵经。由于只点着几支小蜡烛,室内非常阴暗,大家各自坐下,融入昏暗中。

孩子们坐在和尚身后，静静地聆听他们低声诵读经文。读经结束后，孩子们一个个向佛龛烧香拜佛。

那时，和尚简短地向这些小孩打招呼，有的小孩被要求再来一次，而和尚对幼时的稻盛和夫说："你到这就可以了（无需再来了），今天的参拜就足够了。"

他接着说："以后，每天要默念'南无、南无，谢谢'向佛表示感谢。以后，只要做到这一点就可以了。"然后，和尚对稻盛和夫的父亲也说以后不用这孩子来了，似乎佛这一关他已经通过了。

幼小的他就像考试及格或者被批准免试一样感到自豪和高兴。

那是稻盛和夫人生中的第一次宗教体验，但即使今天，每临大事，"南无、南无，谢谢"这样感激的话语会在无意识中脱口而出或在耳朵深处响起。

生活中的年轻人，也要培养自己的感恩心态，因为只要活着就是幸福。我们在碰到挫折和困难的时候，不妨想象一下，在"5.12 汶川大地震"和"4.14 玉树地震"事件中，有多少人丧生！只要活着，其他什么挫折都不是挫折，什么困难都不是困难，上天给我们这么好的眷顾，我们应该不管碰到什么困难和挫折都不退缩，热情面对生活。

我们再来看下面一个寓言故事：

有一块石头被刻成了神像，抬到庙里去供奉，受到人们的跪拜。后来，人们把庙宇改成了别的用场，这个神像也就用来垫墙脚了。

"我真不幸，怎么会碰上这么倒霉的事！"石像抱怨着，"让我来垫墙角，真是大材小用！"

而另一块垫墙脚的石头却说："我很感激能有这样一个位置。要知道，能够踏踏实实地做一些对人们有益的事，比起做一个高高在上、光摆架子却没有一点用途的偶像来，要有意义得多！"

从这个寓言故事中，我们可以得出启示，只有心怀感恩的人才能视万物皆为恩赐；也只有当我们心中充满感恩之情时，压力才会变得不再是压力，世界也才会变得美好无比。此时无论是怎样的困难，我们都可以满怀激情

地去面对。

二战期间，在德国纳粹集中营，德国士兵经常要求英国战俘跟他们踢球。贝鲁姆被俘前是优秀的狙击手，也是技术精湛的前锋。比赛在监狱满是沙砾的场地上进行。与其说是比赛，还不如说是德国纳粹折磨战俘的一种办法。

纳粹不给战俘队员足够的食物，让他们饿得眼冒金星去参加比赛。德国人借此大比分获胜，然后奚落英国人为猪。

但是，圣诞节前的一场比赛发生了意外，而且震惊了观看那场比赛的德国纳粹的高级官员。贝鲁姆在比赛前吃了狱友积攒下来的黑面包，有了足够的体力去比赛。比赛只进行了三分钟，贝鲁姆就像野马一样顺利打乱德国人的防守，冲入禁区，一脚抽射，首破德国人的大门。最后，德国队仍是大比分获胜了，但是他们"战无不胜"的神话已被一个缺少食物的战俘打破。不久，贝鲁姆被秘密处死。事先，他已经知道会如此。一位英国作家曾经多次提到过这个叫贝鲁姆的人，他说，那场圣诞球赛后，贝鲁姆成为集中营中希望和信念的支柱。

五十多年后，英国的一家体育电台播出了这个故事，结果接到了上千个电话，其中有一位老人是贝鲁姆的战友，他说，自从贝鲁姆进了一球后，他就坚信英国必胜。

贝鲁姆为什么能胜利？因为他坚信自己能成功，因此，即使他已经是一名战俘，他依然对生活抱有希望。

的确，人的一生就像一场比赛，你不可能总是常处优势地位，有时候你会被淘汰出局，只要你继续参加比赛，就有希望存在，总会获得让你满意的成绩。天才未必就能富有，最聪明的人也不一定幸福，想要摆脱人生的困境，你要记住：让希望的阳光照进心田，要努力拯救自己摆脱困境。

感恩的心孕育于满足之中。那么，满足与不满足又是什么呢？关于物质，我们倒可以用物质来衡量，物质少，人们容易不满足；物质多，则较易满足，但对于其他方面则不是绝对，很多时候，面对同样的东西，人们的心态却

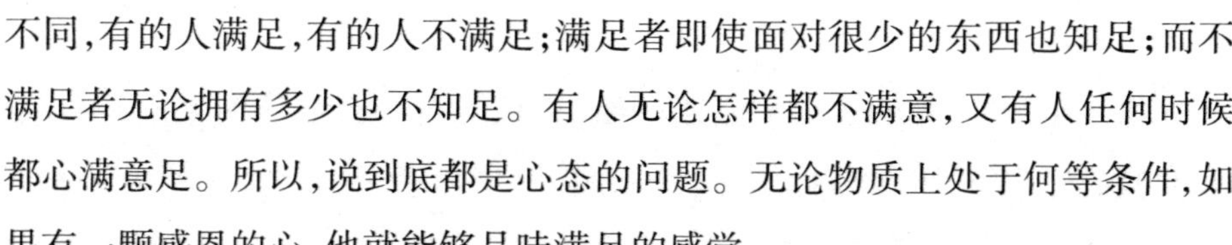

不同，有的人满足，有的人不满足；满足者即使面对很少的东西也知足；而不满足者无论拥有多少也不知足。有人无论怎样都不满意，又有人任何时候都心满意足。所以，说到底都是心态的问题。无论物质上处于何等条件，如果有一颗感恩的心，他就能够品味满足的感觉。

总之，任何一个年轻人，都应该心怀感恩，勤奋向上，这样，你同样能活出别样的人生！要知道，精彩的人生，不是在安逸的空想中度过的，而是由重压下的坚强和感恩、勤奋带来的。只有当你明白幸福的生活来之不易就能满怀感激地面对人生！

做一个正确的人

生活中，任何一个年轻人都满腔抱负、渴望成功，但在追求成功的过程中，难免会产生一些情绪上的波动，比如忿忿不平、杞人忧天、自寻烦恼等。而其实，一个人成功的标志，不仅仅是事业、财富等，更是良好心性的达成。对此，稻盛和夫说：“人都需要将心智朝好的方向提高，不仅要做一个有能力的人，还要做一个有人格的人；不仅要作一个聪明的人，还要做一个正确的人。可以说这就是人生的目的、人生本来的意义。”

在稻盛和夫提出的“六项精进”中就有一条——不要总是忿忿不平、杞人忧天、自寻烦恼。相反地，为了不致事后后悔，更应全身心地投入。

在稻盛和夫看来，所谓人生，就是提高我们人性的过程。那么，所谓提高心智，到底是指什么呢？那绝对不是指到达省悟的境界或者至高至善的境界那样困难的事，而是指当自己死亡时，心灵会比出生时变得哪怕更美一点。也就是指死亡时的灵魂比出生时灵魂稍有进步，心智略有磨炼的状态。换言之是指抑制自私、冲动的自我，心态更加平和与包容，利他之心开始萌生。让与生俱来的我们的身心变得更加美好一些，就是我们人类活着的

目的。

每个年轻人，你的人生才刚刚开始，若想获得一个成功的人生，不仅要积累基础知识，更要修炼你的心性。心态改变命运，活好当下，全身心投入你现在的生活和工作才是基础。未来靠的是现在，现在做什么、怎样做、要达到什么目标，才能决定未来是怎样。

因此，你要记住，不要急功近利，努力、认真过好每一天，明日自然就会来到；如此持之以恒，五年、十年过去时就会结出硕果。曾经有这样一个故事：

一天，海马做了个美梦，梦中有七座金山在呼唤它。为了这个冥冥中的召唤，它决定去寻找属于自己的财富，并且变卖了它全部的家当，带上了换来的七个金币。

但是它觉得自己游得太慢，后来它看到了鳗鱼背上的鳍，于是就用四个金币买了下来。尽管速度提高了许多，但是海马还是没有看到梦中的金山。

半路上，它又看见了水母的快速滑行艇。为了提高自己的速度，海马忍痛用剩下的三个金币买下了这个小艇。这次它的速度提高了五倍，但是金山还是没有出现。

一条大鲨鱼出现在它的面前，热情地说："要是有我的帮助，你想有多快就有多快。我本身就是一艘风驰电掣的大船，你上船吧！"大鲨鱼一脸的友好和善，张开了大嘴。

小海马高兴地说："谢谢你！我就要找到金山了！"说完钻进鲨鱼的口里……

故事中的海马的结局是可想而知的，也是悲哀的。年轻人，也许你也会有这样的感觉：我是不是太慢了？我的目标怎么还没有实现？我怎么样才能更快一些呢？你整天困扰于这些问题之中，处于一种"漫游"状态之中，陷入迷茫的汪洋，像一叶扁舟随波逐流。

有的人只有想得到财富的强烈欲望，却没有具体的目标和方向；有的为了单纯地追求速度，急功近利，不惜把自己手中的资源消耗殆尽；有的被追

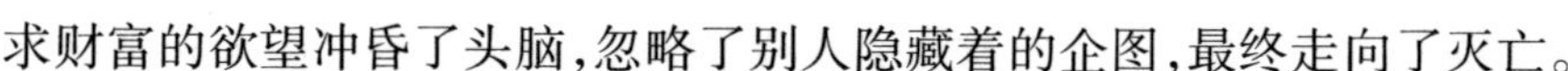

求财富的欲望冲昏了头脑，忽略了别人隐藏着的企图，最终走向了灭亡。

追求财富没有任何错误，而且为了生活，为了体现你自身的价值，你必须这样。然而，财富的获取有许多需要注意的，不是你一直想着就能得到的。财富的获得需要有明确的定位和确切的目标。你想要得到什么，想在哪一方面有所成就，自己心里要对自己的一生有大致的规划，不能盲目从俗。人人都说文凭和学历重要，你就把所有精力和时间花在混文凭上。别人说做IT挣钱很容易，你就死记硬背，硬要挤破在这些方面不开窍的脑袋。每个人都希望能尽快实现自己的梦想，但是盲目求快是不可取的，因为欲速则不达。况且何为快，何为慢，不同的基础，不同的情况，就有不同的结果，根本没有办法定量评判。现在的你还年轻，要做的就是热爱并且做好当下的工作。

成功始于源源不断的工作热忱，你必须热爱你的工作。热爱你的工作，你才会珍惜你的时间，把握每一个机会，调动所有的力量去争取出类拔萃的成绩。

朱莉现在已经是家连锁餐饮企业的老板了，现在的她，每天脸上都挂满笑容。而六年前，她只不过是一家餐厅的侍应生，她的丈夫保罗也只不过是一名交警。虽然那时候他们每天都很快乐，然而保罗和朱莉都梦想着有一天能拥有他们自己的事业。他们特别喜欢冰激凌，并为经营一家冰激凌店做了一些调查工作，但是他们并没有发现合适的机会。

有一次，一个客人来店里吃饭，朱莉无意中和他聊了几句，原来，对方是一家名为“酷圣石”的冰激凌店的老板，这引起了朱莉的兴趣。经过数次的拜访和勘查，她和丈夫一致认为这就是自己长期以来所寻找的机遇。于是，他们便决定冒险投资。

当你进入朱莉的这家冰激凌店之后，你会发现，朱莉工作起来是如此热情洋溢。不论你什么时间去买冰激凌，他们总会有一个人一直守在店里，与此同时，保罗还保留着警察这份职业，但他们确实是在享受自己所做的工作。

詹姆斯巴里说:“快乐的秘密不在于做你所爱的事,而在于爱你所做的事。”工作在我们的人生中占据了大部分最美好的时光。比尔·盖茨有句名言:“每天早上醒来,一想到所从事的工作和所开发的技术将会给人类生活带来巨大的影响和变化,我就会无比兴奋和激动。”总之,任何一个年轻人,都应该记住稻盛和夫的忠告——洋溢着满腔的热情、努力认真地过好现在每一分钟。

善于忍耐：等待时机，在失败中奋起

宏伟的事业，是靠实实在在的微不足道的一步步的积累获得的。——稻盛和夫

自古以来，很多成功人士都有这样一个品质，那就是善于忍耐，尤其是在时机不成熟、力量不足的情况下，他们更能做到自律，并在暗中积极准备、以奇制胜，以有备胜无备，这样做的目的是为了减少外界的压力，而这一点，一直也是被人们誉为经营之神的稻盛和夫的人生价值观，他的成功就是不断积累实力的结果。为此，新时代的年轻人，也应该谨记稻盛和夫的忠告，要养精蓄锐，做到锋芒不露并伺机行事！

加强自律，完善自己

古人云："天将降大任于斯人也，必先苦其心志，劳其筋骨，饿其体肤，空乏其身，行拂乱其所为，所以动心忍性，增益其所不能。"那些成大事者，都有"动心忍性"的自制力，使其能守得云开见月明，走出逆境。自律就是自我管理、自我控制；自律就是战胜自我、超越自我。金无足赤，人无完人，人最大的敌人是自己。只有能够战胜自我的人，才是真正的强者。

谁都不能否认一个事实，一步步走向成功的稻盛和夫之所以会成功，也是因为他能从苦难中走出来。

稻盛和夫认为，要经历比他人更为艰苦的人生，并不断严格要求自己，这是必不可缺的。努力、诚实、认真、正直……严格遵守这些看似简单、容易的道德观和伦理观，并把他们作为自己的人生哲学或人生态度的不可动摇的根基。

同时，自律对于初入社会的年轻人也显得尤为重要。在工作和生活中，自律在很多方面都发挥着巨大的作用：它能督促自己去完成应当完成的任务；能抑制自己的不良行为，如贪婪、懒惰；能缓解不良情绪，如冲动、愤怒、消极；能抵御外界形形色色的诱惑等。相反，如果没有或缺少自我控制，不良的行为和情绪就会反过来控制你，你将失去意志力、信心、执着和乐观，失去获得成功的机会，甚至会偏离人生的方向，误入歧途。

生活中，人们之所以会做那些让自己后悔的事，归结起来，大多也是因为自制力薄弱，抵挡不住诱惑，因此做了不该做的事。要培养坚定的自制力，首先要从心里认识到自律的重要，然后才能自觉地培养。只有坚决地约束自己、战胜自己，最终才能战胜困难，取得成功。

美国石油大亨保罗·盖蒂曾经是个大烟鬼，烟抽得很凶。有一次，他在

一个小城的旅馆过夜。清晨两点钟，盖蒂醒来，他想抽一根烟，不料烟盒里头却是空的。这时候，旅馆的餐厅、酒吧早关门了，他得到香烟的唯一希望是穿上衣服，走出去，到几条街外的火车站去买。

越是没有烟，想抽的欲望就越大。盖蒂穿好了出门的衣服，在伸手去拿雨衣的时候，他突然停住了。他问自己：我这是在干什么？盖蒂站在那儿寻思，一个所谓相当成功的商人，一个自以为有足够理智对别人下命令的人，竟要在三更半夜离开旅馆，冒着大雨走过几条街，仅仅是为了得到一支烟？没多会儿，盖蒂下定了决心，把那个空烟盒揉成一团扔进了纸篓，脱下衣服换上睡衣回到了床上，带着一种解脱甚至是胜利的感觉，几分钟就进入了梦乡。从此以后，保罗·盖蒂再也没有拿过香烟，当然他的事业越做越大，成为世界顶尖富豪之一。

约束自己的得失之心，懂得为自己的所作所为负责，即使在无人知晓的情况下仍能自律的人，在人生道路上就能把握好自己的命运，不会为得失越轨翻车。这样的人必当能成为真正的强者。因为真正的强者，他的任何一句话、一个行为都是有力量的，他会结交更多的朋友、减少很多敌人，因为一失去自制之后，另一个人——不管是一名目不识丁的管理员还是有教养的绅士——都能轻易地将他打败。这也就是为什么人们常说："上帝要毁灭一个人，必先使他疯狂。"

我们知道，那些取得辉煌成就的人都是吃了很多苦才成功的，为什么他们自找苦吃呢？是他们以苦为乐吗？其实不然，大家对客观事物的情感体验是大致相同的，没有人早起晚歇地工作而不觉得累的，没有人不觉得娱乐是有趣的，没有人觉得累得腰酸背痛是舒服的，没有人觉得周末睡个懒觉是难受的……"以苦为乐"是他们帮助自己提高自制力的一种心理暗示而已。那么，他们为什么要自找苦吃呢？其实，他们是将目标放在了经过一定的苦而获得的更大的更长远的快乐上。大部分人的目光只放在了眼前，求了一时之欢却要在之后的日子承受长久的痛苦，"少壮不努力，老大徒伤悲"。成功的人呢，他们珍惜时间；他们坚信"吃得苦中苦，方为人上人"。他们也是

趋乐避苦，不过趋的是大乐，避的是大苦。

美国心理学家沃尔特·米切尔曾做过这么一项实验。他给幼儿园里一群4岁的小朋友每人一颗果汁软糖，并对他们说：我现在出去办事，一会儿就回来（约20分钟），如果你们能等到我回来再吃这颗糖，我就会再给你们另一颗软糖；如果你们等不到，你就只能吃这一颗。

结果，有的孩子为了多得到一颗糖果，坚持熬过了20分钟（对于4岁的孩子而言，20分钟已经很漫长了）；而有的孩子却早已经把糖吃掉了。米切尔对实验的结果作了记录，并对这群孩子进行了长期的跟踪调查，直到他们高中毕业。米切尔发现，那些坚持住了的孩子在进入青春期和高中阶段后，往往表现出很强的自信心，更独立、积极、可靠，能够很好地应对挫折，遇到困难不会手足无措和退缩；而那些没能坚持的孩子长大后，大部分都表现出退缩羞怯、经不起挫折失败、好妒嫉、脾气急躁。更令人吃惊的是，前一种孩子的学习成绩远远要好于后一种孩子！

自律是最难以获得的品质之一。事实上，很多孩子都很难真正控制自己。这个实验告诉所有人：为了一个目标，如果能够抵制一时的诱惑和冲动，就更有成功的可能。自制力愈高的人，成事的能力愈强大。难怪作家塞缪尔·斯迈尔斯说："自律自制是品格的精髓，美德的基础。"

同样，生活中的年轻人，如果你希望自己能在日后有所成就，就要锻炼自己的这一品质。一个能战胜自己的人是无敌的。通常，我们遇到的最强大的对手往往不是别人，而是自己。因为人的缺点常常是很顽固的，即所谓"江山易改，秉性难移"。若你想做到自我突破，让自己再上一个新台阶，就必须克服自身的缺点！一个自律的人能够不断克服陋习、完善自己，一个不能自律的人却会被自己的一个小缺陷轻易击败。人或强大或弱小，是由能否战胜自我而决定的。

把握现在，踏实对待每一天

古今成大事者，没有人生来就是伟大和成功的。不论多么远大的理想，都需要一步步实现；不论多么浩大的工程，都需要一砖一瓦垒起来。平庸和杰出的差距就在于一点一滴的积累中，这是一个细节制胜的时代。的确，任何一个年轻人，都希望在未来社会中有属于自己的一片天地，但你要做的，并不是空想，而是把握现在，认真、踏实地对待每一天，这样才能脚踏实地完成宏伟的目标。正如日本经营之神稻盛和夫所说："宏伟的事业，是靠实实在在的微不足道的一步步的积累获得的。"

从稻盛和夫的话中，我们看到了积累在目标实现过程中的重要性。同样，年轻人，无论你有怎样辉煌的目标，但如果在每一个环节连接上、每一个细节处理上不能够到位，都会被搁浅，而导致最终的失败。

生活中，有这样一些人，他们也有远大的目标，但在具体实施时，由于缺乏对完美的执着追求，事事以为"差不多"便可，结果是：由于执行的偏差，导致许多"差不多的计划"到最后一个环节已经变得面目全非。

有一位伟大的哲学家叫苏格拉底，许多人都慕名来向他学习，都希望能成为像他一样的大哲学家。

有一次，学生问："老师，我们怎样才能成为像您一样的大哲学家呢？"苏格拉底说："很简单，只要每天甩手300下就可以了。"有的学生说："老师，这太简单了，别说是甩手300下了，就是3000下、30000下也可以啊！"苏格拉底笑了笑没有说话。

一个月过去了，苏格拉底问："有多少同学每天坚持甩手300下啊？"很多学生都骄傲地举起了手，大概有90%的人坚持着。又一个月过去了，苏格拉底又问："还有多少同学在坚持啊？"这回只有80%的人举起了手。就这样一个月一个月的过去了，一年以后，苏格拉底又问：“还有同学在坚持每天甩手300下吗？”很多同学都你看我我看你，只有一个同学举起了手，他的名字叫柏拉图，他后来也成为了像苏格拉底一样的大哲学家。有人问他成功的秘诀是什么，柏拉图微笑着说：“甩手，而且甩得足够久……”

这个故事告诉我们，要想成就一番大事一定要从小事做起，没有人生下来就是伟大的人。每天坚持做同一件小事也很不容易，就像每天甩手三百下，一个月大部分人能坚持，一年过去了却只有一个人能坚持。只有学习柏拉图这种坚持不懈的精神，才能成为像他和苏格拉底一样做成大事的人。那种大事干不了、小事又不愿干的心理是要不得的。小至个人，大到一个国家，它们的成功发展，正是来源于平凡工作的积累。没有人可以一步登天，当你认真对待每一件小事，你会发现自己的人生之路越来越广，成功的机遇也会接踵而来。

每个年轻人都有个远大的理想，但如果你想要实现它，你就应当谨记稻盛和夫的话，无时无刻地不使自己处于一种思考和锻炼之中。老子曾说：“天下难事，必做于易；天下大事，必做于细。”它精辟地指出了想成就一番事业必须从简单的事情做起，从细微之处入手。一心渴望伟大、追求伟大，伟大却了无踪影；甘于平淡，认真做好每个细节，伟大却不期而至。这也证明了点滴的细节孕育出了巨大的成功这一道理。

一切的成功者都是从小事做起，无数的细节就能改变生活。成功者之所以成功，在于他们不因为自己所做的是小事而有所倦怠。

如果你要问谁是这个世界上最富有的人？还是比尔·盖茨吗？不！不是，而是罗伯森·沃尔顿先生。

20世纪60年代，在美国兴起了众多的零售商店，经过40多年的争斗搏杀，沃尔玛从美国中部阿肯色州的本顿维尔小城崛起，到目前为止，沃尔玛商店总数达到4000多家，年收入2400多亿美元，列全球500强首位，创造了一个又一个神话。沃尔玛几十年来蒸蒸日上，而且不断扩张。在全球经济不景气的情况下，沃尔玛仍然以良好的速度增长。沃尔玛成功的秘密就在于它注重细节，从细节中取胜。比如，每个沃尔玛人都必须做到以下三点：

"视纸如命"：有一天，沃尔玛总裁山姆·沃尔顿在一家店面巡视，看到一位店员正在给顾客包装商品，随手把多余的半张包装纸、长出来的绳子扔掉了。山姆·沃尔顿微笑着说："小伙子，我们卖的货是不赚钱的，只是赚这一点节约下来的纸张和绳子钱。"另外，沃尔玛从来没有专业用的复印纸，都是废报告纸背面；除非重要文件，沃尔玛从来没有专业打印纸；沃尔玛的工作记录本，都是用废报告纸裁成的。

不论你是总裁，还是经理，繁忙时都是店员：美国人平时很忙，购物人数有限，而一到公休日、节假日，人们便涌进购物中心。这时，几乎所有的沃尔玛店面都感觉人手不够，这时，沃尔玛从运营总监、财务总监、人力资源经理及各部门主管、办公室秘书，都换下笔挺的西装，投入到繁忙的商场之中，去做收银员、搬运工、上货员、迎宾员……

注意顾客需要的细节：沃尔玛开业之初不在任何一个超过5000人的城镇上设店，保障以绝对优势成为小城镇零售业的支配者。沃尔玛创始人山姆·沃尔顿说："我们尽可能地在距离库房近一些的地方开店，然后，我们就会把那一地区的地图填满；一个州接着一个州，一个县接着一个县，直到我们使那个市场饱和。"从20世纪80年代末到90年代初，沃尔玛开始进军都市市场。

沃尔玛的成功，我们可以归结为两个字：积累。而我们身边有很多年轻人，不屑于做具体的事。孰不知能把自己所在岗位的每一件事做成功，做到位就很不简单了。

年轻人，如果你想改变现在的自己，使自己达到卓越的境界，那么你今天就可以达到。不过，你得从这一刻开始，摒弃对小事无所谓的恶习才行，大事业是从小处开始的。你要明白，一砖一木垒起来的楼房才有基础，一步一个脚印才能走出一条成功的道路。

不放弃希望就能绝处逢生

自古至今，大凡成功者，无不具备一项品质，那就是拥有不被打倒的意志力。他们总是满怀希望，因此，即使他们跌倒了，他们还是会爬起来，跌倒一百次，他们会爬起来一百次，终有一天，他们取得了胜利的果实。的确，每件存在的事物在开始时都只不过是一个想法。“不可能”背后隐藏的巨大成功只青睐那些充满激情、意志坚定的人。失误、失败并不可怕，关键在于如何从失败中奋起，反败为胜。只要你坚持下去，不可能也会变为可能。

在《稻盛和夫箴言》一书中，就提出稻盛和夫的一条箴言：即使处于最低潮，也不能失去对明日的希望。因此，年轻人，任何时候都不要放弃希望，哪怕处于人生的绝境中，只要你抱有希望，就能绝处逢生。

她从小就“与众不同”，因为患了小儿麻痹症，不要说像其他孩子那样欢快地跳跃奔跑，就连平常走路都做不到。寸步难行的她非常悲观和忧郁，当医生教她做一点运动，说这可能对她恢复健康有益时，她就像没有听到一般。随着年龄的增长，她的忧郁和自卑感越来越重，甚至，她拒绝所有人的靠近。但也有个例外，邻居家那个只有一只胳膊的老人却成为她的好伙伴。老人是在一场战争中失去一只胳膊的，老人非常乐观，她非常喜欢听老人讲故事。

这天，她被老人用轮椅推着去附近的一所幼儿园，操场上孩子们动听的歌声吸引了他们。当一首歌唱完时，老人说道：“我们为他们鼓掌吧！”她吃惊地看着老人，问道：“我的胳膊动不了，你只有一只胳膊，怎么鼓掌啊？”老人对她笑了笑，解开衬衣扣子，露出胸膛，用手掌拍起了胸膛……

那天晚上，她让父亲写了一张纸条，贴在墙上，上面是这样的一行字：

“一只巴掌也能拍响。”从那之后，她开始配合医生做运动。无论多么艰难和痛苦，她都咬牙坚持着。有一点进步了，她又以更大的受苦姿态来求更大进步。甚至在父母不在时，她自己扔开支架，试着走路。蜕变的痛苦是牵扯到筋骨的。她坚持着，她相信自己能够像其他孩子一样行走，奔跑。她要行走，她要奔跑……

11 岁时，她终于扔掉支架，她又向另一个更高的目标努力着，她开始锻炼打篮球和参加田径运动。

1960 年，罗马奥运会女子 100 米跑决赛，当她以 11 秒 18 第一个撞线后，掌声雷动，人们都站起来为她喝彩，齐声欢呼着这个美国黑人的名字：威尔玛·鲁道夫。

那一届奥运会上，威尔玛·鲁道夫成为当时世界上跑得最快的女人，她共摘取了 3 枚金牌，也是第一个黑人奥运女子百米冠军。

威尔玛·鲁道夫的故事告诉所有年轻人，任何时候都不要放弃希望，哪怕只剩下一只胳膊，也可以为生命喝彩。任何时候都不要放弃梦想，要说成功有什么秘诀的话，那就是坚持，坚持，再坚持！当我们面临考验之际，往往会一直以为是已经到了绝境，但此时，不妨静下心来想一想，难道真的没有机会了吗？当然不，只要你满怀希望，你会发现，你在经受的只是一个考验，考验过去就是光明，就是成功。

世界上没有任何事情是不可能的，如果你有成就事业的强烈愿望，你已经成功了一半，剩下的就是用你的心去实现它了。

1906 年 11 月，本田宗一郎出生在日本荒僻的兵库县的一个贫穷家庭。由于家庭贫穷，9 个孩子中有 5 个因营养不良而早夭。

本田在上学的时候非常喜欢逃课，这让他的父亲伤透了脑筋。用本田自己的话说：“那种正规的教育真是让人厌恶！”但是，对于学校的实验课，他却非常喜欢，所以他经常选课去别的班级上他们的实验课。早期的这种富于探索的精神，为他以后的事业奠定了良好的基础。

后来，本田创立了自己的摩托车制造公司。当时摩托车行业已经快要

趋于饱和了，但是他没有畏惧，依然硬着脑袋挤了进去。在5年内，他打败了250个竞争对手，实现了儿时的制造更先进的摩托车的梦想。当然，这期间，他经历了一系列失败。

当本田成功的时候，他说："回首我的工作，我感到我除了错误，一系列失败、一系列后悔外什么也没有做。但是有一点使我很自豪，虽然我接连犯错误，但这些错误和失败都不是同一原因造成的。这使我在失败中学到了很多东西。"

本田总结道："企业家必须善于瞄准不可能的目标和拥有失败的自由。"这句话言简意赅地阐明了做大事的人所必须拥有的心态，对很多人产生了深远的影响。

本田的成功经历告诉我们，人生没有一帆风顺的，都要经历一些挫折和失败，最可怕的是因为害怕而放弃了希望。只有那些把挫折和失败当成动因并能从中学到一些东西的人，才会接近成功。因为心态是决定事业成功的奠基石，未来的路我们谁都无法预料，我们能做的就是放平心态，锁紧目标，攻克形形色色的困难。

在许多时候，成功者与平庸者的区别，不在于才能的高低，而在于有没有勇气。有足够勇气的人可以过关斩将，勇往直前，平庸者则只能畏首畏尾，知难而退。爱默生说："除自己以外，没有人能哄骗你离开最后的成功。"柯瑞斯也说过："命运只帮助勇敢的人。"

有个年轻人告诉拿破仑·希尔，当他失业而走投无路时，如何把注意力放在好的一面。他说："我当时在一家信息报道公司工作。待遇虽然不怎么好，但以我的资历，还是可以的。那时经济不景气，公司不得不裁员，因此对公司可有可无的员工就成为遣散的对象了。一天我忽然接到解雇通知，接下来的几小时我真是万念俱灰。后来，我决定把它看成是表面上不幸，其实万幸的事。我一直不太喜欢这个工作，要是一直留在那里，我的前途就不可能有进展了。所以，解雇正是找一个真正喜欢的工作的好机会。果然，不久我便找到一个更称心的工作，而且待遇也比以前好。我因此发现被辞退这件事，确实是件好事。”

拿破仑·希尔总结，把失败转变为成功，往往只需要一个想法紧跟一个行动。如果因为遭遇了磨难而怨天尤人，如果因为遭遇了挫折而自暴自弃，如果因为面临逆境而放弃了追求，如果因为受了伤害就一蹶不振，那你就大错特错了。人生也是这样的，只要你有追求，只要你去做事，就不会都一帆风顺。

当然，要想摆脱困境，还需要你做好计划，加以实施。拿破仑曾经说过："想得好是聪明，计划得好更聪明，做得好是最聪明又最好！"任何伟大的目标、伟大的计划，最终必然落实到行动上，成功开始于明确的目标，成功开始于心态，但这只相当于给你的赛车加满了油。弄清了前进的方向和路线，要抵达目的地，还得把车开动起来，并保持足够的动力。

不管你决定做什么，不管你为自己的人生设定了多少目标，决定你成功的永远是你自己的行动。只有行动赋予生命以力量，只有你的行动决定你的价值。

韬光养晦，积攒实力成功突破

在中国古代做人的艺术中，“大智若愚”常被演变为一套内容极其丰富的韬光养晦之术。真正聪明的人有才不外露，而是伺机而动，厚积薄发。新时代的年轻人，更不要忽视这条做人的道理，尤其是当自己还羽翼未丰时，更要懂得韬光养晦术，这是保存实力、积蓄力量的重要手段，即使有大智慧、大志向也不必昭告世人，暴露会让你成为别人进攻的“靶子”，隐晦才能帮你引开那些敌对的目光。

被人们誉为经营之神的稻盛和夫的成功，可以说也是一个实力积攒的过程。在创业初期，为了提高公司的声誉和业绩，稻盛和夫接下了很多大厂

家都不愿接下的项目，但正是这一历练的过程，让他的事业蒸蒸日上。用他自己的话说："到了今天，我更是强烈地感觉到，当时尽管有痛苦、有烦恼，我们却一直孜孜不倦地、精益求精地工作着，就靠着这种持续、非凡的努力，才成就了我的事业。"

稻盛和夫的感慨，对于每一个年轻人来说，都是金玉良言。如果现在的你实力不足，那么，不妨和稻盛和夫一样，退居幕后，积攒实力吧。

中国人素来有坚韧不拔的毅力和品质，坚韧就是能屈能伸，当形势不利于自己的时候，要懂得掩藏，甘于退居背后积累实力，而不是充大头，硬碰硬。自古以来，多少英雄好汉，非要争一口气，最终一世英名被毁；更有多少功成名就之人，他们的成功就在于他们在实力不佳时，懂得隐忍，退居幕后，最终一举成功。这一点，汉高祖刘邦便是一个很好的例证。

楚汉战争之前，刘邦的实力并没有项羽强，于是，他虚心请教。

有一次，高阳人郦食其拜见刘邦，献计献策，一进门看见刘邦坐在床边洗脚，便不高兴地说："假如你要消灭无道暴君，就不应该坐着接见长者。"刘邦听了斥责后，不但没有生气，而是赶快起身，整装致歉，请郦食其坐上座，虚心求教，并按郦食其的意见去攻打陈留，将秦积聚的粮食弄到手。刘邦围困宛城时，被困在城里的陈恢溜出来见刘邦，告诉他与其围城与攻城不如对城内的官吏劝降封官，这样就可以化敌为友、放心西进，先入咸阳为王。刘邦采纳了他的意见，使宛城不攻自破。

而与刘邦的容忍相反，项羽则是个居功自傲、刚愎自用的人。

一次，一个有识之士建议项羽在关中建都以成霸业，项羽不听，那人出来发牢骚道："人们说'楚人是沐猴而冠'，果然！"结果此事被项羽知晓后，勃然大怒，立即将此人杀了。楚军进攻咸阳时到了新安，只因投降的秦军有些议论，项羽就起杀心，一夜之间把20多万秦兵全部活埋，从此残暴名闻天下。他怨恨田荣，因此不封他，而立齐相田都为王，致使田荣反叛。他甚至连身边最忠实的范增也怀疑不用，结果错过了鸿门宴杀刘邦的机会，最后气走范增，成了孤家寡人。

从刘邦身上，我们再次可以验证稻盛和夫的话，做大事者在条件不利于自己时，就要隐忍，对暂时失败的坚忍。当然，这需要我们有巨大的心理承受力和长远的谋略。

刘邦、项羽之所以有不同的结果，很大程度上归结于二人自身的性格。楚汉战争中，刘邦的实力远不如项羽，但刘邦懂得"小不忍则乱大谋"的道理，这一点，在鸿门宴中体现得尤为明显，当项羽听说刘邦已先入关后怒火冲天，决心要将刘邦的兵力消灭。但两军短兵相接，刘邦感到兵力悬殊，危在旦夕，实在无法抵挡。于是，在这种情况下，刘邦放低姿态请张良陪同去见项羽的叔叔项伯，再三表白自己没有反对项羽的意思，经过"鸿门宴"这一过程，最终脱离困境。

宋代著名大文学家苏东坡在评论楚汉之争时就曾指出，楚汉之争中，汉高祖刘邦与楚霸王项羽的结局之所以如此不同，关键在于一个"忍"字。刘邦可以成大业是他懂得忍下人之言，忍个人享乐，忍一时失败，忍个人意气；刘邦能忍，养精蓄锐、等待时机，直攻项羽弊端，最后夺取胜利。而项羽空有百战百胜的勇猛，而不知"小不忍则乱大谋"的道理，最终失利，垓下自刎。女词人李清照也叹："至今思项羽，不肯过江东。"

实质上，很多时候，我们与对手之间的较量，就是一种"忍"功的较量，打的就是一场心理战，谁能够"挺住"，谁就赢取成功，笑到最后；谁若忍不住、刚愎自用，谁就以失败结束，一败涂地。献文帝拓扑弘有个侄子叫元恭，也就是后来的北魏节闵帝。他"装聋作哑"二十年最终登上帝位也就说明了这个道理。

孝明帝时，元义专权，肆行杀戮，元恭虽然担任常侍、给事黄门侍郎，但面对如此局势，他觉得如果继续担任此职，总担心有一天大祸临头，索性装病不出来了，那时候，他一直住在龙华寺，和谁也不来往，就这样装哑巴装了将近十二年。

后来，孝庄帝即位，也就是永安末年，有人称元恭不能说话是假，心怀叵测是真，而且老百姓中间流传着他住的那个地方有天子之气，元恭听了这个

消息后，又急忙“转移阵地”，逃到上洛躲起来。没过几天就被抓住送到了京师，关了好几天，由于抓不到什么证据，不得已又放了他。

北魏永安三年十月，尔朱兆立长广王元晔为帝，杀了孝庄帝。那时，坐镇洛阳的是尔朱世隆。他觉得元晔世系疏远，声望又不怎么高，便打算另立元恭为帝，但又担心他真的成了哑巴。于是便派尔朱彦伯前去见元恭，摸清真实情况。事已至此，元恭也知道形势发生重大变化，见到尔朱彦伯后开口说：“天何言哉！”十二年的哑巴说了话，彦伯大喜。不久，元恭即位当了皇帝。

一个昔日的朝廷重臣必须以“装聋作哑”来掩人耳目，借以保证自己的生命安全。要忍受世人各种各样的眼光，得需要何等的隐忍？人生多舛，世事艰难。这就是说，人生少不了逆境，少不了坎坷，少不了挫折。但你要想取得成功，就得懂得时机未到、实力不足时要低调行事，为自己争取机会，积累实力做好掩护，这样才能突破人生的逆境，走过人生的坎坷。

现代社会，一个人无论多聪明，多能干，背景条件有多好，如果没有一点韧性，没有一点“城府”，那么他最终的结局肯定是失败。生活中，很多人努力了一辈子，却总是以失败告终，就是因为他没有弄明白这个道理。

然而，这里所谓的“城府”，并不是人们通常意义上的攻于心计，这乃是小人所为。为人处世，要小聪明、小计谋迟早会被人发现而落得众叛亲离的结果。这里的“城府”指的是懂得规避风头，培养自己的韧性，当收则收，当放则放，懂得收放自如。

年轻人，当你对社会还没有深刻的了解，只是储备还不够充分的情况下，你不妨采取韬光养晦的办法，不与人争强好胜，静观其变，在暗中积极准备，这比积极地表现自己更能保护自己，能避免更多不可预知的风险！

磨砺心志:提高心智,孕育恒心

生活倒霉也罢,厄运也罢,忍受他们,保持开朗的心境朝前看,坚持努力,不懈怠,就会实现自己的理想。——稻盛和夫

人们常说,人生无常,人生路上,谁都会遇到不如意、困难甚至灾难,但无论遇到什么,只要我们的心灵足够强大,我们就能坦然接受。所谓提高心智,稻盛和夫给出了他的解释:"我认为那绝对不是指到达省悟的境界或者至高至善的境界那样困难的事,而是指当自己死亡时,心灵会比出生时变得哪怕更美一点。"年轻的一代,你们的人生才刚刚开始,更应该谨记稻盛和夫的忠告,把磨砺心志当做自己长期需要做的工作,以做到能抑制自私、冲动的自我,心态更加平和与包容。

保持开朗的心境朝前看

每个人生在这个世界上，发生不如意的事情十有八九。面对不如意的事，我们时常鼓励自己或朋友“咬咬牙，坚持一定成功”。人的意志力真有如此神奇的效果吗？

曾经，美国斯坦福大学的心理学家给出了答案，经过研究，他们发现，面对难度较大的任务时，那些意志力坚强的人往往更有耐力和坚韧的心，完成任务的质量更高。

因此，我们要相信自己，如果不相信自己的意志力，在遭遇困难时，我们会很容易感到疲劳，并产生厌倦情绪。相反，意志力顽强的人则更有自信，认为自己的能量不会耗竭，这种信念会使他们的精力更旺盛，从而带来成功。

当然，要想拥有坚强的意志力，首先就要有开朗的心境。的确，乐观就像心灵的一片沃土，为人类所有的美德提供丰富的养分，使它们健康地成长。它使心灵更加纯净，意志更加富有弹性。它就像最好的朋友一样陪伴着你，像尽职尽责的护士一样呵护着你，像母亲一样哺育着你。它是道德和精神最好的滋补剂。马歇尔·霍尔医生曾对自己的病人说过：“乐观的态度，是你最好的药。”所罗门也曾说：“乐观的心态，就是最强劲的兴奋剂。”

因此，新时代的年轻人，应该学会接受人生的磨难和挑战当我们困于这种“不如意”之中，终日惴惴不安时，生活就会索然无味。与之相反，如果你能拥有一颗感恩的心，善于发现事物的美好，感受平凡中的美丽，那就会以坦荡的心境、豁达的胸怀来应对生活中的每一份酸甜苦辣，让原本平淡乏味的生活焕发出迷人的色彩，那么，你会发现，磨难与逆境也不过是飘来的“浮云”。

有一位虔诚的作家，在被人问到该如何抵抗诱惑时回答说："首先，要有乐观的态度；其次，要有乐观的态度；最后，还是要有乐观的态度。"

日本京瓷公司的创始人稻盛和夫认为，人类活着的意义和人生价值就是提高身心修养，磨炼灵魂。

的确，生活中有快乐也有烦恼，就好像上山后必然要下山一样，每一天人们在拥有快乐的同时还会面对困难。对困难抱什么样的态度，决定着一个人的成功与失败。成功和失败就像是姐妹一样，经常会交替着出现。

在《福布斯》杂志2000年度公布的中国内地50位拥有巨额财产的企业家的名单中，年轻的阎俊杰、张璨夫妇因拥有1.2亿美元的财富而名列第23位。另据《粤港信息日报》报道，张璨名列由有关部门策划并组织的"当今中国最具影响力的十大富豪"之一，是十大富豪中唯一的也是最年轻的女性，在这份资料中，张璨的个人资产超过了25亿元。

张璨是北大金融系的学生，可在她读大三的时候，却被注销学籍，勒令退学。原因是有人举报，3年前她第一次高考时曾考上东北某大学没有就读，她第2年又考上北大。按当时规定，有学不上的考生必须停考一年。退学事件对张璨造成巨大打击。她只有到处打工。后来，张璨和丈夫正式下海，开始创业的时候，几乎是一穷二白。那时候他们自己组装电脑，经常熬到下半夜两三点。张璨和丈夫挣到的第一笔大钱，是从沈阳一家废品仓库里挣的。1987年初，他们赚了5万元，这在当时可是一笔了不起的大钱。依靠这点积蓄，他们开始和别人一起办公司。1988年，由于和公司董事会之间出现矛盾，张璨和丈夫一起退出了公司，开始了第二次白手起家。这期间他们做了很多的尝试。1992年，张璨和丈夫重新回到电脑行业，注册了现在的达因公司。张璨夫妇拉起达因公司不久，就从一个基金会借到300万元人民币。由于张璨的聪明、机敏而又踏实苦干的风格，她的公司后来被美国康柏公司看上，成了康柏在中国市场的总代理。

在张璨毕业的时候，有同学给她的赠言便是这样一句意味深长的话：与众不同的经历造就与众不同的道路。的确，一个成功的女性，必当是在挫折

与逆境中摸打滚爬出来的，人生在世，难免会有挫折发生。

青春易逝，年轻是短暂的，我们走过漫漫的一生，有时候会突然发现自己的生活如此不公。而其实，正是因为这些逆境与不公，才使我们的生活变得更加精彩，才使我们获得成功。挫折能将生活、家庭乃至世界变得更加精彩。如果你未经历一次挫折就直接获得了成功，那么，你就不会去努力创新，等待你的将是两个极端——光辉的一生或一辈子的失败。而如果经过挫折才会成功，你将会拥有最高的荣耀，你不会因为没有创新而被淘汰，也不会因失败而黑暗一辈子。从这个角度讲，适度的厄运具有一定的积极性，它可以帮助我们驱走惰性，促使人奋进；厄运又是一种考验和挑战，我们的生活可以在厄运中变得精彩，我们的性格也在厄运中变得成熟。

杨林在单位里是别人眼中最“幸福”的女人，她的幸福并不是因为她漂亮、物质生活充足，而是她脸上永远的舒心的笑容。刚结婚那年，她身上就发生了一件不幸的事——因为出车祸，让她留下了腿部的残疾。但任何一个同事坐在她的身边都会有一种非常舒服的感觉，因为你会被她的那种温和、乐观的情绪所感染。

残疾对于一个女人来说已经非常不幸了，生活中的风风雨雨都可能会“乘虚而入”，但是杨林的家却是幸福和温馨的。她和丈夫之间的感情很好，她们的生活非常快乐。而这一切都是因为她的心态是平和的，她的人格是独立的。她从来不把自己看做是一个残疾人而给丈夫增添更多的心理压力。当丈夫处于事业上的瓶颈期的时候，她用她乐观的态度鼓励丈夫重整旗鼓，因而她便获得了丈夫的主动关怀和爱护，这比自己强迫来的感情要真实和自然得多，也更踏实得多。

有本书上说过：“思想能令天堂变地狱，地狱变天堂。”其实生活是快乐或是悲伤选择权就在你手中，相信自己能做个乐观的人，相信自己能做个神采飞扬的人，即使残疾，杨林依然选择了让自己快乐、幸福的人生态度——乐观。

曾有学者研究过事业成功的人，看看他们成功的原因何在。结果发现

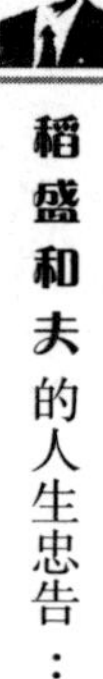

这些成功者有些共同特质:他们对自己深具信心,对未来持乐观态度,而且具有极佳的挫折忍受力。

总之,越是遇到挫折,越要保持积极的心态。一切想法都来自心态,一切结果都取决于你有什么样的想法。你的想法不同,结果肯定会不同。生活中的年轻人,你们都知道,刚毅的精神来自于乐观的心态,而这往往也是成功的关键,一个无坚不摧的人是不畏惧任何人生的不幸的,但你是否具备这一品质呢?

持续努力地付出必然会有回报

人生要有一番成就,就必须要有目标,这是毋庸置疑的。正是因为这一点,现实生活中的很多人,也包括不少年轻人,他们认为自己当下的工作根本谈不上“惊天动地的事业”,于是,他们总是渴望拥有一份更能发挥自己能力与价值的工作,对自己的本职工作便心不在焉。而实际上,热爱我们的工作并做到专心致志、全力以赴,是每个社会人的职责,也是让自己快乐的源泉。我们死心塌地地对待我们所做的工作时,就能产生火热的激情,它能让我们每天在工作中全力以赴。久而久之,持续地努力付出自然会有回报,你将因出色的表现而获得巨大成就。失去热情必然会失去继续前行的动力;失去激情必然会失去战胜困难的勇气,不敢面对挑战,这样的人生必然乏味而无聊。

稻盛和夫本身就是热爱本职工作的人,他创业之前的人生是不顺的,他大学毕业后就职的公司是一家随时都有可能倒闭的破烂不堪的公司。很多同事相继续辞职,只留下他一人。没有办法,他只能想“不管怎样,首先要努力做好眼前的工作”。不可思议的是决心一定就不断取得良好的研究成果。当然,研究变得更加有趣,他以更高的热情投入到工作中去,由此进入了一

个良性循环期。

尽管现在的稻盛和夫已经是个成功人士，但他对工作的积极性依然不减。

因为工作繁忙，他很少呆在家里，所以，附近的邻居担心地对他的妻子及家人说：“您先生什么时候回家啊？”乡下的双亲也曾写信忠告：“这样辛苦工作当心搞垮身体啊。”

但是，稻盛和夫本人毫不在乎，因为喜爱，既不难受也没有觉得疲劳。

稻盛和夫曾忠告所有年轻人，即使你现在感觉厌烦工作，仍坚持再作一些努力，忍辱负重、积极向前，这将导致人生的根本转变。

小李高考落榜后，就开始在一家汽车修理厂工作，从他开始工作的第一天开始，他就对自己的工作充满了不满，他开始抱怨：“修理这活太脏了，瞧瞧我身上弄的”，“真累呀，我简直要讨厌死这份工作了”，“要不是考试中出了点失误，我现在都是名牌大学的学生了。做修理这活太丢人了”！

每天，小李都在煎熬和痛苦中过日子，但他又害怕失去手上这份工作，于是，只要师父不在，他就耍滑偷懒，应付手中的工作。

几年过去了，与小李一同进厂的三个工友，各自凭着自己的手艺，或另谋高就，或被公司送进大学进修了，独有小李，仍旧在抱怨声中，做他蔑视的修理工。

年轻人，无论你正在从事什么样的工作，要想获得成功，都要对自己的工作充满热爱。如果你也像小李那样鄙视、厌恶自己的工作，对它投注“冷淡”的目光，那么，即使你正从事最不平凡的工作，你也不会有所成就。

那么，如何才能做到热爱并做好自己的本职工作呢？

不管怎样，竭尽全力、专心致志、全神贯注于本职工作。这样，渐渐地在痛苦之中逐步产生喜悦感和成就感。“热爱”和“全神贯注”就如硬币的正反两面，是因果关系的循环。因为热爱才能全神贯注，全神贯注之中自然而然热爱上了。当然，最初难免有些勉强。但是，必须要反复对自己说：“自己正在从事一项了不起的工作”，“这是多么幸运的工作啊”。于是，对工作的态度自然而然就有了大转变。

有句话说得好:“选择你所爱的,爱你所选择的。”年轻人,为了培养你对工作的热情,首先,在择业之前,你应该考虑自己的兴趣。如果工作在某些方面真的令你缺乏兴趣,我并不是说一定要强迫你每天在工作的时候保持微笑。一般情况下,如果你真的不喜欢自己所做的事情,对它缺少积极性,那么这是不值得的,不管你得到的薪水有多高,不管你的职业生涯攀上了多少高峰,都是不值得的。

如果你并不了解自己的兴趣所在,你怎样才能挖掘出它们呢?有很多方法可以做到这一点。例如,在你目前的工作中,你最喜欢它的哪些方面?是和他人共处,还是不和他人共处?是智力挑战,还是解决问题的满足感?

倘若你已经有一份不错的工作,那么,不妨尝试着热爱它。

其实,并不是所有工作都是那么妙趣横生的,甚至绝大部分工作都会因为工作环境的一成不变而变得枯燥乏味。许多在大公司工作的员工,他们拥有渊博的知识,受过专业的训练,有一份令人羡慕的工作,拿一份不菲的薪水,但是他们中的很多人对工作并不热爱,视工作如紧箍咒,仅仅是为了生存而不得不出来工作。他们精神紧张、未老先衰,工作对他们来说毫无乐趣可言。

可见,一件工作有趣与否取决于你的看法,对于工作,我们可以做好,也可以做坏;可以高高兴兴和骄傲地做,也可以愁眉苦脸和厌恶地做。如何去做,这完全在于我们。所以,只要你在工作,何不让自己充满活力与热情呢?

每一个年轻人,无论你现在从事什么样的工作,你都应该学会热爱它,即使这份工作你不太喜欢,也要尽一切能力去转变,并凭借这种热爱去发掘内心蕴藏着的活力、热情和巨大的创造力。事实上,你对自己的工作越热爱,决心越大,工作效率就越高。

当你抱有这样的热情时,上班就不再是一件苦差事,工作就变成了一种乐趣,就会有许多人愿意聘请你来做你更热爱的事。如果你对工作充满了热爱,你就会从中获得巨大的快乐。

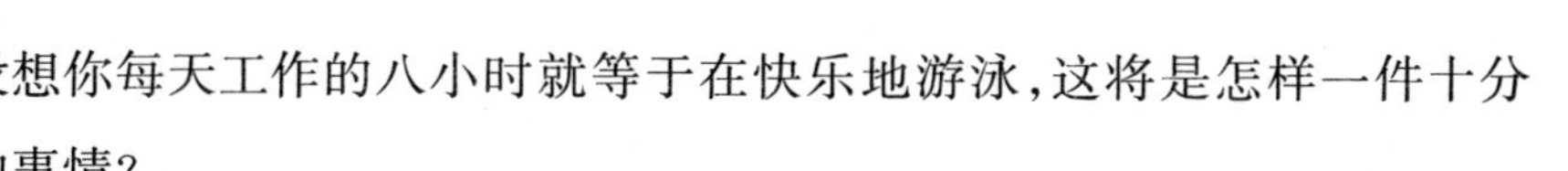

设想你每天工作的八小时就等于在快乐地游泳，这将是怎样一件十分惬意的事情？

另外，从工作中寻找成就感也会让你爱上这份工作，比如，如果你是教师，你可以通过观察每个学生在学习上的进步、心智的成长来获得乐趣；如果你是个医生，你可以以帮助病人排除病痛为己之快乐。另外，你还应该认识到，在每一份工作中，我们都能学到不同的知识。

总之，现实生活中的年轻人们，如果你想快乐地工作，那么，你就要记住，重要的并不是你付出了多少，而是你怎样为之付出。你可以在工作中抱有激情和热心的态度，尽自己最大的能力去做，不管会得到多少，始终抱有这种良好的心态来享受工作所带来的乐趣！

把灾难当做罪孽的清洁剂

人只要活着，就必当会遇到一些不顺心的事，甚至是困难、灾难。在灾难面前，我们可能会自怨自艾，感叹命运的不公，抱怨上帝的自私等，但我们是否想过，一次灾难也是一种对心灵的洗涤，我们的灵魂会因此变得更纯净。

在竞争激烈、物质追求强烈的现代社会，一些年轻人也变得浮躁起来，甚至有一些人，为了追求自己成功，不惜使用各种手段，使自己的心灵蒙上灰尘。这些灰尘有邪念、罪恶等，如果不及时清理，当心被灰尘蒙蔽的时候，人生就悲哀了。现代社会，一些商人为了一己私利不惜伤害消费者的利益、健康甚至生命，最终都会走上万劫不复之路。任何一个年轻人，在你们成长、追求成功的过程中，都要不忘时时清洗自己的心灵。以这样的心态，那么，即使面对这种灾难，也能从容面对了。

稻盛和夫认为，灵魂就是围绕在真我之上的现世的经验与孽；而包裹真

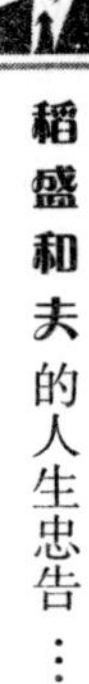

我的是"灵魂"，如果说真我是一丝不挂的裸体，那么，灵魂就相当于覆盖其上的衣服。衣服里面蓄积着各自灵魂所经历的思想、行动、意识或经验等一切，也附加了自己在现世中的一切思念和行为。

稻盛和夫之所以会有这样的感悟，是源于小时候的一次经历。

在稻盛和夫很小的时候，他的妈妈就对他说："你的灵魂很丑陋。"在他的家乡，这句话指的是性格孤僻、不爱与人交往。他曾经说："我幼小的灵魂里，就含有某种不好的孽，它曾经歪曲、玷污了我部分心灵。也许这一点我的母亲当时就看出来了。"

而后来，他的老师——西片担雪老师也曾教会他什么是"孽"。

将近20年前，京瓷公司因为没有取得经营许可就制造、销售了用精密陶瓷生产的人工膝关节而遭到舆论非议。当然，事实情况并非如此，这是在医生和患者的强烈要求下才进行应用的。但对此，稻盛和夫并没有作任何辩解，甘愿受批判。

此后一次，稻盛和夫前来拜访自己的恩师，他对老师倾诉："因为这样一些问题，我身心疲惫。"当时，西片担雪老师事先读过报纸已经知道这件事。稻盛和夫满以为他能从老师那里得到一点安慰，但没想到的，老师一开口便说："辛苦也是没有办法的事。只要活着，辛苦就是必然的。"接着，他又说，"灾难来临时，不要消沉，而是高兴。因为灾难能够把以前附在灵魂上的罪孽消除。这一点灾难就消除了你遗忘的罪孽，所以，稻盛，我应该祝贺你！"

在听到老师的这番话后，稻盛和夫有一种感觉——自己被拯救了。社会的批判、"天意的考验"这些他都坦率地接受了。老师的一番话比任何安慰都有价值，他领悟到了人类生存的伟大意义。

从稻盛和夫的这两段经历中，我们也发现，人的一生难免会辛苦，难免会遇到灾难，但如果我们能把灾难当成洗去罪孽的清洁剂，那么，我们便能调整心态，从灾难中获取幸福。

因此，年轻人，你们要把灾难当成磨砺自己心智的一个契机，而不仅仅是一个障碍，当你的心灵真正变得强大的时候，还有什么能阻碍你呢？

我们再来看下面一个故事：

在日常生活中磨炼心智、完善人格

现代社会，每个年轻人都明白，世间没有绝对公平的事情。年轻人可能会认为只要我努力了就会事业成功，就会财源广进，然而若是事实与自己想象的不同，便开始消极、怨天尤人。事实上人的事业成功、人对金钱的取得应当是由自己的努力和机遇构成的，有些人确实付出了一定的努力，但是没有好的机遇，可能就没有得到希望中的成功和想要取得的钱财。而聪明的年轻人则明白，人生的目的在于快乐，在于不断奋进，在于自己心智的不断提高，在于培养令人敬仰的人格，为此，相对于追名逐利来说，他们更注重在日常生活中修炼自己。

提到李春燕这个名字，我们可能都很熟悉，她是2009年被评为“100位新中国成立以来感动中国人物”。“她是大山里最后的赤脚医生，提着篮子在田垄里行医。一间四壁透风的竹楼，成了天下最温暖的医院；一副瘦弱的肩膀，担负起十里八乡的健康。她不是迁徙的候鸟，她是照亮苗家温暖的月亮。”

李春燕，1977年出生于贵州省从江县，她的父亲走村串寨几十年为当地村民看病，是远近闻名、德高望重的乡村医生。在父亲的要求下，梦想考幼师的李春燕勉强读了卫校。1997年，她进入贵州省黔东南州黎平卫校，就读于乡村医生培训班。李春燕卫校毕业后嫁给了大塘村一个苗族青年，成为一名乡村卫生员并且在自己家里开设了一间卫生室，成为苗寨2500多名苗族村民中第一位受过专业训练的医生。5年来看过的病人达7000余人次。

刚边寨村民组的王岁山每次来打针都要叫李春燕给他编一只金鱼。12岁的王岁山患了肠套叠，在医院治疗花光了几千元的贷款后，只好来找李春燕。从李春燕家到刚边寨，得从山上到山下，走得最快的人都得半个小时，为给王岁山治病，李春燕每天得往刚边寨来回跑4趟。两个月时间，她累得连走路都走不稳，最后，索性把王岁山接到家里来治疗，一个多月后，王岁山痊愈，而李春燕分文未收。

王岁山并不是村里唯一享有李春燕特别照顾的病人，她每次出诊，从不收取费用，村民穷，拿不出钱付医药费，大多数人看病只能赊账，卖给村民的药也与批发价差不多，要是遇到特别困难的村民，她甚至连药费也不收。

行医的同时，李春燕还为村里的产妇接生。每年，村里通过她迎接的新生命都有几十个。接生一个孩子，得到的回报很少超过5元钱，有时守候一个通宵只有几角钱。

从2008年起，有关媒体陆续对李春燕的事迹进行报道。媒体的关注使她得到了全国各地热心人的支持和资助。

在新闻媒体对李春燕报道后的一段时间，她平均每天都要接到40多个来自各地的电话，其中不少是被她的事迹感动后邀请她外出发展的。其中，一名福建老板开出了包吃包住、月薪5000元的条件。在被一些媒体邀请到深圳和北京做节目前，李春燕连省城贵阳和州府凯里都未去过，第一次走出大山的李春燕在感受到现代文明的同时，更看到了家乡的贫穷落后。“别人的邀请并不是没考虑过，如果我真的走了，这里乡亲生病就没有人给他们医治了，我舍不得丢下他们，虽然贫穷，但他们的生命同样可贵。”村民的依赖和信任使李春燕婉言谢绝了他人的邀请。她始终认为，自己的留下至少可以给贫困的乡亲们减轻一点经济负担。

生命的意义曾经在隐秘的收费单和先进的手术台上被轻视和失落，却在遥远的苗寨被一位平凡女子的双手找回，没有翅膀她依然是天使。

在了解了李春燕的事迹之后，生活中平凡的年轻人们，估计都会被她这种强大的精神力量所折服。的确，没有这样一份高尚的人格，又怎会有这样强烈的社会责任感？又怎么会坚守大山，为大山的医疗事业贡献自己的力量？

在稻盛和夫看来，做到人格的砥砺就是中国古代所提倡的远离“虚伪”、“自私”、“放纵”和“奢侈”的人生态度，也就是说，不能虚伪、不能有私心、不能我行我素、不能有奢侈之心。顾名思义，也就是要有正确的做人原则，但提到这一点，稻盛和夫说“好像小学道德课中讲的一样。但是，不正是因为我们大人没有遵守小学所受的教育才导致现在社会价值观动摇，人心荒废吗？现在，有多少家长能对孩子堂堂正正地进行道德教育呢？又有多少人富有远见、人格厚重，能对他人明确示范、伦理说教呢？”

其实，具备正确的人生态度一点也不难，就是孩童时代父母教导我们的、最基本的道德——不撒谎、正直、不骗人、不贪婪——这些朴素的行为规范，现在更值得我们重新思考并严格遵守。

从稻盛和夫的话中，年轻人，你应该看到，正确的人生态度的形成中，行为习惯和时间的力量是多么强大。

大部分年轻人可能认为，我只不过是个普通人，哪里能和那些伟大人物相比？这里，你们需要明白的是，心智的磨练和人格的提高都应来源于日常生活，只要我们从身边做起，多关心国家大事、社会新闻，多关心慈善事业，多为他人伸出援助之手，那么，哪怕你只捐出一块钱，哪怕你只是简单地拾起了马路上的一片废纸，你也是高尚的！

不懈努力：成功需要目标与坚持为伴

“持续就是力量”，人生最重要的就是“持续”，就是“持续做一件好事”。——稻盛和夫

中国人常说：“功到自然成”。这句话的含义是，在追求成功的路上，如果做不到不懈努力，那么，就会与成功失之交臂。法国生物学家巴斯德说得好：“告诉你我达到目标的奥秘吧，我唯一的力量就是我的坚持精神。”而这一点，也是稻盛和夫要给年轻人的忠告，持续就是力量，在我们现在的学习中，一定要学会坚持，只有坚持才能取得成功。

人生最重要的就是“持续”

现实生活中，很多年轻人，无论在学习目标还是个人兴趣爱好上，通常都有一个缺点，那就是三分钟热度，做不到持续，在追求成功的过程中，很容易因为困难的出现或者兴趣的转移而放弃了最初的热衷。而这，正是很多人始终不能有所成就的原因。

作为企业经营者，稻盛和夫所招聘到的员工中有两类人员，一类是精明能干、高学历者；另一类是处理事情迟缓、反应迟钝者，令人欣慰的是，他们忠厚老实、勤勤恳恳。

当然，任何一个企业经营者都会欣赏前者而不是后者。稻盛和夫也曾认为，前者当中特别能干的人，将来在公司里可以委以重任，是这样的吗？不，现实情况恰恰相反。

后来，稻盛和夫发现，这些头脑灵活、办事利索的人才，成长很快，但正是因为这样，他们意识到自己在这家公司实在是大材小用，于是，他们就萌生了跳槽的想法，不久就辞职离去。而最终留在公司里的、有用的，恰是那些最初不被看好、头脑迟钝的人。

当发现这一点以后，稻盛和夫认为自己实在是目光短浅，并为此感到羞愧。

这些头脑迟钝的人们，他们做起事来不知疲倦，孜孜以求，10 年、20 年、30 年，像只蜗牛一样一寸一寸地前进，刻苦勤奋，一心一意，愚直地、诚实地、认真地、专业地努力工作。经过如此漫长岁月的持续努力，这些所谓头脑迟钝的人，不知从何时起，就变成了非凡的人。

当他第一次意识到这个事实时，很是惊奇。当然，他们并不是在某个瞬间发生了突变，非凡的能力也不是突然获得的。

的确，这些看似平庸的人，正是因为加倍努力，辛苦钻研，一直拼命地工作，正是在这样的过程中，他们塑造了自己高尚的人格。

我们生活的周围，就是有这样一些人，他们并不像老虎那样迅猛，他们没有太多的出众的才华，他们更像牛——笨拙、愚直、持续地专注于一行一业。这样不断努力的结果，让他们不仅提升了能力，而且磨炼了人格，造就了高尚美好的人生。

因此，年轻人，如果你哀叹自己没有能耐，只会认真地做事，那么，你应该为你的这种愚拙感到自豪。

看起来平凡的、不起眼的工作，却能坚韧不拔地去做，坚持不懈地去做，这种持续的力量才是事业成功的最重要基石，才体现了人生的价值，才是真正的能力。

当然，在坚持的过程中，你可能也会遇到一些压力和困难，但我们要明白的是，任何危机下都存在着转机，只要我们抱着一颗感恩的心耐心等待，再坚持一下，也许转机就在下一秒。

老亨利是一家大公司的董事长，他是个和蔼的老人。有一次，产品设计部的经理汤姆向老亨利汇报说："董事长，这次设计又失败了，我看还是别再搞了，都已经第九次了。"汤姆皱着眉头，神情非常沮丧。

"汤姆，你听我说，我让你来设计，就相信你能成功。来，我给你讲个故事。"老亨利吸了一口雪茄，开始讲起来：我也是个苦孩子，从小没受过什么正式教育。但是，我不甘心，一直在努力，终于在我31岁那年，我发明了一种新型的节能灯，这在当时可是个不小的轰动呢！但是，我是个穷光蛋，要进一步完善需要一大笔资金。我好不容易说服了一个私人银行家，他答应给我投资。可我这种新型节能灯刚一投放市场，其他灯的销路就被阻断了，所以就有人暗中阻挠我成功。可谁也没想到，就在我要与银行家签约的时候，我突然得了胆囊症，住进了医院，大夫说必须马上做手术，否则就会有危险。那些灯厂的老板知道我得病了，就开始在报纸上大造舆论，说我得的是绝症，骗取银行的钱来治病。结果，那位银行家不准备投资了。更严重的是，

有一家机构也正在加紧研制这种节能灯，如果他们抢在我前头，我就完蛋了！我躺在病床上简直是万分焦急，最后只能铤而走险，不做手术，如期地与那位银行家见面。

“见面前，我让大夫给我打了镇痛药。和银行家见面后，我忍住剧烈的疼痛，装作没事似的，和银行家谈笑风生。但时间一长，药劲过去了，我的肚子就像刀割一样疼，后背的衬衣也让汗水湿透了。可我仍然咬紧牙关，继续周旋。我当时心里就只剩下一个念头：再坚持一下，成功与失败就在能不能挺住这一会儿！病痛终于在我强大的意志力下低头了，最后我终于取得了银行家的信任，签了合约。我在送他到电梯口时脸上还带着微笑，并挥手向他告别。但电梯门刚一关上，我就扑通一下倒在地上，失去了知觉。提前在隔壁等我的医生马上冲过来，用担架将我抬走。后来据医生说，我的胆囊当时已经积脓，相当危险。知道内情的人无不佩服我这种精神。我呢，就靠着这种精神一步步走到现在。”

汤姆被老亨利的故事感动了，他感到万分惭愧。和董事长相比，自己遇到的这点压力算什么呢？

“董事长，您的故事让我非常感动，从您身上我真正体会到了再坚持一下的精神。我非常感谢您给我的鼓励和提醒。我回去再重新设计，不成功，誓不罢休。”汤姆挺着胸，攥着拳，脸涨得通红，说话的声音有些颤抖。

事实是最好的证明，在试验进行到第十二次的时候，汤姆终于取得了成功。

任何人、任何事情的成功，固然有很多方法，但最根本的就是需要坚持。不管遇到什么困难，只有风雨无阻并相信自己能成功，就一定能迎来曙光、迎来成功。老亨利和汤姆的成功就是最好的证明。而相反，如果我们老在前进的道路上给自己设置重重的心理障碍，如果总是让自己刚迈出的脚步又退回原点，那么又如何战胜压力走向终点呢？唯有抱着一种不怕输、不认输的精神，有一种失败后再坚持一下的勇气，那么最终肯定能获得成功。

成功需要坚强的心力和耐性

初入社会,任何一个年轻人都满腔抱负,希望可以一展拳脚,做出一番成绩来,但现实告诉他们,必须要从最基础的工作开始。这对于心浮气躁的年轻人来说,无疑是更高层面的挑战。艾森豪威尔说:"在这个世界,没有什么比'坚持'对成功的意义更大。"的确,世界上的事情就是这样,成功需要坚持。雄伟壮观的金字塔拔地建成正因为它凝结了无数人的汗水;一个运动员要取得冠军,前提就是必须要坚持到最后,冲刺到最后一瞬,如果有丝毫松懈,就会前功尽弃,因为裁判员并不以运动员起跑时的速度来判定他的成绩和名次。

关于这一点,稻盛和夫在他的《干法》一书中讲述了这样一个故事:

当京瓷公司还是一家滋贺县小工厂的时候,厂里有一位工人,初中学历。

他的上司总是对他说:"这事要这么做,"无论上司说什么,他总是一一记下,生怕漏了什么。每天,他的话都不多,总是埋着头在做他自己的事,双手粘黑,额头流汗。无论上司布置什么任务,他都日复一日,不厌其烦地认真完成。在工厂里他毫不显眼,一直默默无闻,但从无牢骚,也从无怨言,兢兢业业,孜孜不倦,持续从事着单纯而枯燥的工作。

20年后,当稻盛和夫与这位工人再次见面时,他大吃一惊,那么默默无闻、只是踏踏实实从事单纯枯燥工作的人居然当上了事业部长。关键是,令他惊奇的不仅是他的职位,而且言谈中他体会到,这位工人已经是一个颇有人格魅力且很有见识的优秀领导。"取得今天这样的成就,你很棒!"稻盛和夫不禁对他竖起了大拇指。

的确,这位工人看上去毫不起眼,只是认认真真、持续努力地工作。但

正是这种坚持，使他从平凡变成了非凡，这就坚持的力量，是踏实认真、不骄不躁、不懈努力的结果。

正如托马斯·爱迪生所言，成功中天分所占的比例不过只有1%，剩下的99%都是勤奋和汗水。年轻人，专心致志于一行一业，不腻烦、不焦躁，埋头苦干，不屈服于任何困难，坚持不懈；只要你坚持这样做，就能造就优秀的人格，而且会让你的人生开出美丽的鲜花，结出丰硕的果实。

在美军历史上，艾森豪威尔是一个充满戏剧性的传奇人物。

美军历史上，共授予10名五星上将，艾森豪威尔是晋升得“第一快”。这一军衔潘兴从准将到五星上将用了13年；马歇尔从上校到五星上将用了20年；麦克阿瑟从上校到五星上将用了16年；布莱德雷从上校到五星上将用了9年；阿诺德从准将到五星上将用了12年；欧内斯特·金从上校到海军五星上将用了19年。而艾森豪威尔他从上校到五星上将仅用了4年的时间！这是他的“第一快”。艾森豪威尔之所以会取得如此大成就，源于其坚持的品质。

有一天晚饭后，年轻的艾森豪威尔跟家人一起玩纸牌游戏，连续几次都抓了一手很差的牌，他开始不高兴地抱怨手气不好。妈妈停了下来，正色地对他说道：“如果你真要玩牌，就必须用你手中的牌玩下去，不管那些牌怎样，都要坚持到底！”

他愣了愣，母亲又说道：“人生也是如此，发牌的是上帝，不管是怎样的牌，你都必须拿着。你能做的就是坚持到底，竭尽全力，求得最好的效果。”

很多年过去了，艾森豪威尔一直牢记着母亲的这番教导，从来没有抱怨过命运。相反，他总是以积极、乐观的态度，以坚持不懈的意志去迎接命运的挑战，竭尽全力做好每一件事情。

艾森豪威尔的故事也告诉所有年轻人，无论做什么事都要踏踏实实去做，持续和努力会为你带来意想不到的收获。

很多时候，面对失败，我们需要调整一下自己的心态，我们再来看爱迪生是怎样看待失败的：

爱迪生曾经长时间专注于一项发明。对此，一位记者不解地问："爱迪生先生，到目前为止，你已经失败了一万次了，您是怎么想的？"

爱迪生回答说："年轻人，我不得不更正一下你的观点，我并不是失败了一万次，而是发现了一万种行不通的方法。"

在发明电灯时，他也尝试了一万四千种方法，尽管这些方法一直行不通，但他没有放弃，而是一直做下去，直到发现了一种可行的方法为止。同样，生活中的年轻人们，无论你做什么事，要想获取成功，就得付出坚强的心力和耐性，并且在失败面前要有"再努力一次"的决心和毅力。

专心致志于一行一业

自古以来，恒心与否被认为是一个人心理素质优劣、心理健康与否的衡量标准之一，也是人生未来成功的关键因素之一。恒心，它与意志品质的其他方面，如主动性、自制力、心理承受力等有一定的关系。初入社会的年轻人，应当着力培养自己的恒心，在工作上，应当把分配给自己的任务当成天职，一辈子持之以恒。正如稻盛和夫所说："专心致志于一行一业，不腻烦、不焦躁，埋头苦干，你的人生就会开出美丽的花，结出丰硕的果实。"

在中国的古战场上，曾经发生过这样一个故事：

寒冬腊月的一天，一名守将带领着自己的士兵继续守护着自己的城池，但不幸的是，这座城市很快被围，情况危急。守将决定派一名自己信得的士兵去河对岸的另一座城市求援。这名士兵马不停蹄地赶到河边的渡口，但却看不到一只船。平时，渡口总会有几只木船摆渡，但是由于兵荒马乱，船夫全都逃难去了。士兵心急如焚，他的头发都快愁白了，因为能否过河，不仅关系到自己的生命，还关系到整个城市的百姓的生死。

时间一点点地过去，很快太阳落山了，夜幕降临了。黑暗和寒冷更是让

这名小士兵感受到了恐惧与绝望。更糟的是，起了北风，到了半夜，又下起了鹅毛大雪。士兵瑟缩成一团，紧紧抱着战马，借战马的体温取暖。他甚至连抱怨自己命苦的力气都没有了，只有一个声音在他心里重复着：活下来！他暗暗祈求：上天啊，求你再让我活一分钟，求你让我再活一分钟！当他气息奄奄的时候，东方渐渐露出了鱼肚白。

士兵牵着马儿走到河边，惊奇地发现，那条阻挡他前进的大河上面，已经结了一层冰。他试着在河面上走了几步，发现冰冻得非常结实，他完全可以从上面走过去。士兵欣喜若狂，就牵着马从上面轻松地走过了河面。城市就这样得救了，得救于士兵的忍耐和等待。

这座城市为何能得救？因为士兵的等待，因为士兵完成了上级交代的任务，正是这种使命，使他具备了超强的忍耐力和意志，从而战胜了寒冷和绝望。的确，作为一名军人，只有扛起责任，把上司的任务当成天职，把国家、人民的安危放在心上才能忍得旁人所难以忍受的东西，经受住各种考验，才能使自己不断地积蓄力量，增强忍耐力和判断力，才能发挥一个军人的本色。

同样，生活中的每个年轻人，面对自己的工作，也应该有一份军人的使命感，把每天的工作都当成自己的天职并努力完成，才能在日积月累中提升自己。培养自己的这种踏实、勤奋的工作作风，对于未来的人生之路是有益的。因为人生之路通常都是坎坷、充满荆棘的，你只有具备忍耐力，才能过五关、斩六将，才能取得最后的成功。而同样，一个人追求学术、积聚实力也需要忍耐力的支持。

我们再来看下面一个寓言故事：

这天，一只老马带领一群小马去一条河边游玩，它们跑了很久，还是没有见到小河的影子，小马都感到很烦躁和疲倦。

于是，老马安慰大家说："现在，只要再坚持十分钟就到河边了。"

一个又一个十分钟过去了，这些小马在河边停了下来。奇怪得很，小马们虽然走了近一个小时，却并不觉得怎么疲惫。

老马给他们解释为什么不疲惫的原因。

“今天所走的路，你可以常常记在心里，这是生活艺术的一个教训。你与你的目标无论有多遥远的距离，都不要担心。把你的精神集中在十分钟内的距离，别让那遥远的未来令你烦闷。”

“将精神集中在十分钟内的距离”，多么睿智的解释，然而这也是很多年轻人目前最缺乏的。他们往往将目标着眼于大处，而常常忽略了小的问题。一座建筑是由一砖一瓦砌成的，每一砖一瓦本身显得并不怎么重要。但是缺少了它们，高楼如何建起？同样的道理，成功者的一生都是由无数个看上去微不足道的小方面构成的。

我们都曾看过《木偶奇遇记》，里面有个任性、撒谎、懒惰、不爱学习、经不住诱惑的坏孩子匹诺曹，他原来是个给人很坏印象的孩子，但经过了许许多多磨难，从中吸取了教训，又成为了一名勇敢善良的好孩子，这时，我们又很喜欢这位好孩子。

的确，每个年轻人都希望自己有一亩奇迹田，不用费吹灰之力就能得到许许多多的金币，但现实总不遂人愿。凭空想象、不劳而获都没有好下场，只有一分耕耘才有一分收获，临时抱佛脚是没有用的。

著名作家埃里克说：“当我放弃我的工作而打算写一本25万字的书时，我从不让我过多地考虑整个写作计划涉及到的繁重劳动和巨大牺牲。我想的只是下一段，不是下一页，更不是下一章去如何写。整整6个月，我除了一段一段地开始外，我没有想过其他方法。结果，书写成了。”

是啊，达到任何目标都需要一步一个脚印，循序渐进。对于年轻人来说，要想提高自己的实践能力与工作能力，就要做到重视上级安排的工作，把工作当天职，要知道每一个任务都是迈向成功的台阶。

的确，生活中，我们看到过很多名人的成功事迹，但是往往忽略他们成功途中的跋涉。仔细研究他们的历史，我们会发现，他们都是扎扎实实走过来的，而绝不是一股盲目的热情所促成的。当然，我们的社会中也会偶尔冒出几个平步青云的人，但是他们没有牢靠的基础，稍稍起些风浪，他们就会

像以前轻易得到荣誉一样，轻易地失去手中的一切。

这是一个风云激荡的年代，这是一个机会频生的时代，这是一个人人都渴望成功的时代，要想在这个时代成就一番事业，就必须在理想的召唤下，制定近期与长期的目标，一步一个脚印，踏踏实实地走向成功。

像锥子一样，集中全部力量在一个目标上

伊格诺蒂乌斯·劳拉有一句名言："一次做好一件事情的人比同时涉猎多个领域的人要好得多。"在太多的领域内都付出努力，我们就难免会分散精力，阻碍进步，最终一无所成。现实生活中的一些年轻人，如果他们的愿望和要求不能及时地付诸行动和成为事实，那么就会引起他们精神上的萎靡不振。但是，目标的实现正像许多人所做的那样，不仅需要耐心地等待，而且还必须坚持不懈地奋斗和百折不挠地拼搏，就像在滑铁卢击败拿破仑的惠灵顿将军那样。切实可行的目标一旦确立，就必须迅速付诸实施，并且不可发生丝毫动摇。

对此，稻盛和夫告诫年轻人们，要始终记住"有意注意"的人生，就是指有意识地加以注意，也就是有目的地、认真地、把意识和神经集中在对象上。例如，当发生声响时，条件反射地往那边方向看，这是无意识的生理上的反应，也叫"无意注意"。所谓有意注意，就比如类似使用锥子的行为。锥子是一种通过把力量凝集在最前端的一点上，高效达到目的的工具。这个功能的核心就是"集中力"。无论是谁，只要像锥子一样，集中全部力量在一个目标上，就一定能成功。

所谓集中力，是根据思考能力的强度、深度、大小产生的。在决定做一件事情时，首先要有憧憬。这个想法有多强烈、究竟能够持续多久、如何认真地开展工作，这些都是决定事情成败与否的关键。

每天每时，持续过好内容充实的今天，这个观点在京瓷的经营中无时无刻不体现出来。

京瓷公司创建至今，从来不建立长期的经营计划。当新闻记者们采访稻盛和夫的时候，经常提出想听一听他们的中长期经营计划，而当他回答“我们从不设立长期的经营计划”时，记者便觉得不可思议，露出疑惑的神情。

不过，稻盛和夫的话是真的，那么，为什么不建立长期计划呢？他认为，生活中，有些人说自己能预见未来，这当然是谎言，也会失败。因为无论我们对于未来的预计多么精细，都无法将一些不可知因素囊括在内，在遇到一些问题时，就不得不改变计划，或者对其进行相应的调整，甚至在某些情况下，我们需要无奈地放弃预期的计划。

从经营者的角度看，如果你频繁更改、放弃你的计划，那么，从下属和员工的角度看，他们就会认为，反正没有什么计划是真正列入章程的，他们便不会把它当回事，他们的工作热情也自然会降低。

另外，关于目标大小的问题，你设置的目标越大，那么，为此付出的努力自然也就越多，但更多现实的问题是，如果你设置的目标太大，那么，你会发现，目标始终遥遥无期，你难免会泄气，而对于接下来的努力，估计你也只会应付过去。因为从心理学的角度看，如果达到目标的过程太长，也就是说，设置的目标过于远大，往往在中途就会遭遇挫折。因此，我们发现，与其中途作废那些不切实际的目标，不如一开始就不要建立。

这就是稻盛和夫的观点。自京瓷创业以来，他只用心于建立一年的年度经营计划。3 年、5 年之后的事情，他认为，谁也无法准确预测，但是这一年的情况，应该大致能看清，不至于太离谱。

为此，稻盛和夫忠告所有年轻人，不要有太多的空想，而要专注于眼前的工作。在生活中的多数情况下，对枯燥乏味工作的忍受和含辛茹苦应被视为最有益于人身心健康的原则，为人们所乐意接受。阿雷·谢富尔指出：“在生活中，唯有精神和肉体的劳动才能结出丰硕的果实。奋斗、奋斗再奋斗，这就是生活，唯有如此，也才能实现自身的价值。我可以自豪地说，还没有什么东西曾使我丧失信心和勇气。一般说来，一个人如果具有强健的体魄和高尚的目标，那么他一定能实现自己的心愿。”

18 世纪早期就读于牛津大学的圣·里奥纳多在一次给校友福韦尔·柏克斯顿爵士的信中谈到他的学习方法，并解释自己成功的秘密。他说：“开始学法律时，我决心吸收每一点获取的知识，并使之同化为自己的一部分。在一件事没有充分了解清楚之前，我绝不会开始学习另一件事情。我的许多竞争对手在一天内读的东西我得花一星期时间才能读完。而1 年后，这些东西我依然记忆犹新，但是他们，却早已忘得一干二净了。”

同样，在中国，画坛宗师齐白石也是个做事专注的人，除了画画以外，在雕刻艺术上的精益求精也体现了他这一品质。

齐老先生不仅擅长书画，还对篆刻有极高的造诣，但他也并非天生具备这门艺术天赋。他也经过了非常刻苦的磨炼和不懈的努力，才把篆刻艺术练就到出神入化的境界。

年轻时候的齐白石就特别喜爱篆刻，但他总是对自己的篆刻技术不满意。他向一位老篆刻艺人虚心求教，老篆刻家对他说：“你去挑一担础石回家，要刻了磨，磨了刻，等到这一担石头都变成了泥浆，那时你的印就刻好了。”

于是，齐白石就按照老篆刻师的意思做了。他挑了一担础石来，一边刻，一边磨，一边拿古代篆刻艺术品来对照琢磨，就这样一直夜以继日地刻着。刻了磨平，磨平了再刻。手上不知起了多少个血泡，日复一日，年复一年，础石越来越少，而地上淤积的泥浆却越来越厚。最后，一担础石终于统统都被“化石为泥”了。

这坚硬的础石不仅磨砺了齐白石的意志，而且使他的篆刻艺术也在磨炼中不断长进。他刻的印雄健、洗练，独树一帜、达到了炉火纯青的境界。

的确，成功者之所以成功，就是因为在专注的过程中，经过了沮丧和危险的磨练，才造就了天才。在每一种追求中，作为成功之保证的与其说是卓越的才能，不如说是追求的目标。目标不仅产生了实现它的能力，而且产生了充满活力、不屈不挠为之奋斗的意志。因此，意志力可以定义为一个人性格特征中的核心力量，概而言之，意志力就是人本身。它是人的行动的驱动器，是人的各种努力的灵魂。真正的希望以它为基础，而且，它就是使现实生活绚丽多姿的希望。在伯特尔修道院镌刻着一条格言："希望就是我的力量"，这条格言似乎与每个人的生活息息相关。

福韦尔·柏克斯顿认为，成功来自一般的工作方法和特别的勤奋用功，他坚信《圣经》的训诫："无论你做什么，你都要竭尽全力！"他把自己一生的成就归功于"在一定时期不遗余力地做一件事"这一信条的实践。

相反，那些对奋斗目标用心不专、左右摇摆的人，对琐碎的工作总是寻找遁辞、懈怠逃避，他们注定是要失败的。如果我们把所从事的工作当作不可回避的事情来看待，我们就会带着轻松愉快的心情迅速地将它完成。瑞典的查尔斯九世还在他年轻的时候，就对意志的力量抱有坚定的信念。每每遇到什么难办的事情，他总是摸着小儿子的头，大声说："应该让他去做，应该让他去做。"和其他习惯的形成一样，随着时间的流逝，勤勉用功的习惯也很容易养成。因此，即使是一个才华一般的人，只要他在某一特定的时间内，全身心地投入和不屈不挠地从事某一项工作，他也会取得巨大的成就。

总之，年轻人，你要记住，在对有价值目标的追求中，坚忍不拔的决心是一切真正伟大品格的基础。充沛的精力会让人有能力克服艰难险阻，完成单调乏味的工作，忍受其中琐碎而又枯燥的细节，从而使他顺利通过人生的每一个驿站。

成功贵在坚持

生活中，我们常听说："水滴石穿，绳锯木断。"这个道理我们每个人都懂

得，然而，水是最柔软的物品，却能把石头滴穿？绳子并不是利刀，为什么也能把硬梆梆的木头锯断？这就是坚持的结果。一滴水的力量是微不足道的，然而许多滴的水坚持不断地冲击石头，就能形成巨大的力量，最终把石头冲穿。同样道理，绳子才能把木锯断。这个道理告诉所有追求成功的年轻人，无论你的资质如何，无论你的起点如何，成功贵在坚持，而不是完美。

对此，稻盛和夫身有体会：

出家以后，他最大的认识就是，修行一定要一如既往，持之以恒。如果说有新的认识，那就是修行需一如既往，持之以恒。尽管他认识到自己并不能参透佛法，但他已经知道，他自己的内心已经发生了变化，比如，他已经认识到自己的不成熟。一直以来作为企业的领导人，他对部下或干部进行指导，装模作样地训示，把本来明了的事理写在书里或演讲稿中，他感到潜伏在自己心中的得过且过与令人嫌恶之处，需要进行深刻地自我反省。

同时，他也体会到，真正了不起的人是那些心灵美好的人，如那些为理想奋斗的小青年，街头小巷心地善良的老太太。

他深感自己无论如何修行，也达不到醒悟的境界，但他认为这就够了，因为他坚持了。

的确，无论是修行还是其他任何事，贵在坚持，无需完美。荀子说："骐骥一跃，不能十步，驽马十驾，功在不舍。"这也正充分地说明了坚持的重要性，骏马虽然比较强壮，腿力比较强健，然而它只跳一下，最多也不能超过十步，这就是不坚持造成的后果；相反，一匹劣马虽然不如骏马强壮，然而若它能坚持不懈地拉车走十天，照样也能走得很远，它的成功在于走个不停，也就是坚持不懈。这也就像龟兔赛跑：兔子腿长跑起来比乌龟快得多，照理说，也应该是兔子赢得这场比赛，然而结果恰恰相反，乌龟却赢了这场比赛，这是什么缘故呢？这正是因为兔子不坚持到底，它恃自己腿长、跑得快，跑了一会儿就在路边睡大觉，似乎是稳操胜券，然而乌龟则不同了，他没有因为自己的腿短，爬得慢而气馁，反而，它却更加锲而不舍地坚持爬到底。坚持就是胜利，它胜利了，最终赢得了比赛。

一个人要取得事业的成功,必然要经历困难和痛苦的过程。是成功还是失败,往往在于有没有耐力,有没有坚忍不拔的挺功。自古以来,成功者和失败者的差异除了其它因素外,主要的区别还在于意志品质的不同。凡成大事者都有超乎常人的意志力、忍耐力,也就是说,碰到艰难险阻或陷入困境,常人难以坚持下去而放弃或逃避时,有作为的人往往能够挺住,挺过去就是胜者。

胜利贵在坚持,要取得胜利就要坚持不懈地努力,饱尝了许多次的失败之后才能成功,即所谓的失败乃成功之母,成功也就是胜利的标志,也可以这样说,坚持就是胜利。

古今中外,许许多多的名人不都是依靠坚持而取得胜利的吗?

莫泊桑是19世纪法国著名作家。他从小酷爱写作,孜孜不倦地写下了许多作品,但这些作品都是平平常常的,没有什么特色。莫泊桑焦急万分,于是,他去拜法国文学大师福楼拜为师。

一天,莫泊桑带着自己写的文章,去请福楼拜指导。他坦白地说:“老师,我已经读了很多书,为什么写出来的文章总感到不生动呢?”

“这个问题很简单,是你的功夫还不到家。”福楼拜直截了当地说。

“那怎样才能使功夫到家呢?”莫泊桑急切地问。

“这就要肯吃苦,勤练习。你家门前不是天天都有马车经过吗?你就站在门口,把每天看到的情况,都详详细细地记录下来,而且要长期记下去。”

第二天,莫泊桑真的站在家门口,看了一天大街上来来往往的马车,可是一无所获。接着,他又连续看了两天,还是没有发现什么。万般无奈,莫泊桑只得再次来到老师家。他一进门就说:“我按照您的教导,看了几天马车,没看出什么特殊的东西,那么单调,没有什么好写的。”

“不,不不!怎么能说没什么东西好写哟?那富丽堂皇的马车跟装饰简陋的马车是一样的走法吗?烈日炎炎下的马车是怎样走的?狂风暴雨中的马车是怎样走的?马车上坡时,马怎样用力?马车下坡时,赶车人怎样吆喝?他的表情是什么样的?这一些你都能写得清楚吗?你看,怎么会没有

什么好写呢?”福楼拜滔滔不绝地说着,一个接一个的问题,都在莫泊桑的脑海中打下了深深的烙印。

从此,莫泊桑天天在大门口,全神贯注地观察过往的马车,从中获得了丰富的材料,写了一些作品。于是,他再一次去请福楼拜指导。

福楼拜认真地看了几篇,脸上露出了微笑,说:“这些作品表明你有了进步。但贵在坚持,才气就是坚持写作的结果。”福楼拜继续说:“对你所要写的东西,光仔细观察还不够,还要能发现别人没有发现和没有写过的特点。如你要描写一堆篝火或一株绿树,就要努力去发现它们和其它的篝火、其它的树木不同的地方。”莫泊桑专心地听着,老师的话给了他很大的启发。福楼拜喝了一口咖啡,又接着说:“你发现了这些特点,就要善于把它们写下来。今后,当你走进一个工厂的时候,就描写这个厂的守门人,用画家的那种手法把守门人的身材、姿态、面貌、衣着及全部精神、本质都表现出来,让我看了以后,不至于把他同农民、马车夫或其他任何守门人混同起来。”

莫泊桑把老师的话牢牢记在心头,更加勤奋努力。他仔细观察,用心揣摩,积累了许多素材,终于写出了不少有世界影响的名著。

从莫泊桑拜师这个故事中,年轻人应当有所领悟,功到自然成,成功之前难免有失败,难免有很多不足,然而只要能克服困难,坚持不懈地努力,那么,成功就在眼前。

有句古话叫“行百里者半九十”,简短几个字中包含着深刻的哲理。这就是说无论干什么,越到最后越艰难。就像爬山,越接近顶峰越累,越容易使人放弃。成功需要坚持。古往今来,有多少功亏一篑、功败垂成的例子,之所以失败,原因就是不能坚持。

耐力需要时间,时间能消除许多问题。

日本著名企业家松下幸之助,就是一个在困难中勇于挺住,赢得时间,最终成就大业的商界巨人。他在谈经营管理的论著中,专门阐述了如何面对经济不景气的问题。他认为,不景气是企业发展过程中的一个阶段。从景气到不景气,再到景气,这是经济发展的客观规律。当不景气来临时,正好考验经营决策者的能力和胆识。他说，“利用不景气打天下，当大家在不景气下一筹莫展时，你仍有开拓事业的勇气和能力，再不景气下去将来就是你的天下了。”

松下幸之助正是在创业初期利用不景气进行负债经营，添置设备，在渡过困境后才有了更大的发展。由此可见，耐力是时间上的坚持，能持久挺过最困难的时间正是有耐力的体现。如果我们在工作中遇上了麻烦和阻碍，要勇于坦然面对，尤其是一时半会儿不能解决的问题，一定要做好长时间作战的打算，要有足够的耐心和耐力。耐力需要时间的考验，时间能够消除许多问题。等一等，可能事情就会发生变化。耐力越持久，解决问题的机遇和办法也越多。当然，等不是被动的，在等待中要积极寻找突破口，创造条件去克服困难。从“山重水复疑无路”到“柳暗花明又一村”，期间需要时间与耐力。

忠告10

激活能量：因为年轻，更要敢于创新

坚持和重复是两码事。不是漫不经心地重复昨日，而是明天比今天、后天比明天、必须有哪怕是一点点地进步与改善。这样的“创意精神”能加快我们成功的速度。——稻盛和夫

自古以来，人类就是在不断地创新中不断进步的，可以说，如果没有创新，人类只会停滞不前。而现代社会，是否具有创造力已经成为衡量一个人能力的重要标准。作为单个人，如何保持思考创新，直接关系到一个人的事业成败，只有创新才能激活自己全身的能量。有效的创新会点出人生火花，成为突出生存的梦想和手段。谁有创新思想，谁就会成为赢家；谁要拒绝创新，谁就会平庸！年轻就是力量，年轻人，只要你敢于创新，你就会与众不同。

努力已达极限，你或者会获得灵感

生活中，任何一个年轻人都知道努力在目标实现过程中的重要性，但很多时候，却事与愿违，他们越是努力，越是找不到解决问题的出路，于是，他们开始怀疑自己的目标是否正确，自己是否一直在错误的道路上行进，而其实，他们离成功实现目标已经只有一步之遥，只要他们做到极限的努力，就能看到获得灵感，看到前方的明灯。而实际上，很多人，正是在这最后一刻放弃了。

所以，年轻人，不管你现在的状况如何，你都要扪心自问，你做到尽全力了吗？如果答案是否定的，那么，就要把自己的厚度给积累起来，当有一天时机来临的时候，你就能够奔腾入海，成就自己的生命。

关于这点，稻盛和夫是有亲身经历的：

那时，在他工作的第一家公司，他的工作就是反复进行各种无机化学实验，当然，有失败也有成功。在他工作的领域，与他同龄的很多人都很出色，有些拿到了奖学金赴美留学，有的进入了优秀的大企业，使用着最尖端的设备。相比之下，他却在一个如此破旧、衰败的企业里，连最起码的设备都没有，日复一日地做着混合原料粉末这样简单的工作。于是，在这段时间内，他出现了迷茫："一直从事如此单调的工作，究竟能搞出什么科研成果来呢？再进一步地，自己的人生又将会怎样呢？"想到这些，他不禁心灰意冷，每一天都过得很消极。

对此，稻盛和夫并没有通过幻想将来的美好给自己打气，相反，他采用短期的观点来摆正自己对工作的态度。

"将来会搞出什么样的研究成果、自己的人生将会怎样，我不再痴迷于这些不着边际的远景，而只是留神眼下的事情。就是说，我发誓，今天的目标今天一定要完成。工作的成绩和进度以今天一天为单位区分，然后切实完成。”

在今天这一天中，最低限度是必须向前跨进一步，今天比昨天，哪怕只是一厘米，也要向前推进。我就是这样思考问题的。

同时，不单单是前进一步，而且要反省今天的工作，以便明天要做一点改良、要找一点窍门。在前进一步时，一定同时是在改善、改进。

就这样，奔着每一天的目标去，让每一天都有所创新，就会天天前进，天天获得积累。为了达到目标，不管外面刮风也好、下雨也好，不管遇到多大的困难，我都全神贯注，全力以赴。先是坚持一个月，再坚持一年，然后是5年、10年，锲而不舍。这样做下去，你就能踏入当初根本无法想象的境地。

越是认真、拼命工作的人，就越会思索劳动的意义，思考工作的目的。的确，年轻人，可能你也有和稻盛和夫一样的感慨——越是认真工作，这样的迷惑或许就越深。在面临看似无法解决的难题时，你可能会告诉自己："为什么要这么做？究竟为什么要干这项差使？"因为找不到这些问题的答案，你会陷入迷途之中，那么，此时，你不妨记住稻盛和夫的忠告，不要痴迷于捕捉远景的幻想中，而要全力以赴地为今天工作，并做到锲而不舍，你便会发现很多问题会在无形中被解决。

可以说，全力以赴是一种工作态度、一种困境之中仍然能坚持不懈的精神，并且，这种精神与态度与现代社会要求创新与变通这一大方向是不矛盾的，新方法和灵感并不是一味地要求我们做到改变，很多时候，他们也是孕育在原有思路中，只是需要我们达到极限的努力。

莱瑞·杜瑞松在第一次到外地服役的时候，有一天连长派他到营部去，交待给他7件任务：去见一些人、请示上级一些事，还有一些东西要申请，包括地图和醋酸盐（当时醋酸盐严重缺货）。杜瑞松决心把7件任务都完成，虽然他并没有把握要怎么去做。

果然事情并不顺利，问题就出在醋酸盐上。他滔滔不绝地向负责补给的中士说明理由，希望他能从仅有的存货中拨一点给他。杜瑞松一直缠着

他，到最后不知道是中士被杜瑞松说服了，还是他实在没有办法摆脱杜瑞松的纠缠，中士终于给了他一些醋酸盐。

杜瑞松去向连长复命时，连长并没有多说话，但是很显然他有些意外，因为要在短时间里完成7件任务确实非常不容易。或者换句话说，即使杜瑞松不能完成任务，也是可以找到借口的，但他根本就没有想到去找借口，他心里根本就没有放弃的想法。

杜瑞松的故事告诉我们，一个人，在接受任何工作之后，成功与否就在于你是否已经全力以赴。和杜瑞松相比，生活中很多人的做法却不是这样，他们把宝贵的时间和精力放在了如何寻找一个合适的借口上，而忘记了自己的职责。寻找借口唯一的好处，就是把属于自己的任务推卸掉，把应该自己承担的责任转嫁给社会或他人。这样的人，在企业里不会成为称职的员工；在学校不是一个好学生；在社会上不是一个好公民。这样的人，注定是一个失败者。

俗话说"守得云开见月明"，如果仅仅因为一时的云朵遮蔽而放弃等待美好月光的机会，岂不可惜？古今中外那些成功者，也无不是绝处逢生，在关键时刻找到出路。因此，新时代的年轻人，当你处于人生的低谷、陷入迷茫时，也不妨做一下最后的努力，全力以赴或许会为你带来灵感！

美好的未来孕育于正确的"活法"中

生活中，我们可能都有这样的经历：我们习惯于从茎窝凹处切分苹果，若不改变切法，不管切多久，都不会有新奇的发现；若横切一刀，你就会发现：苹果核竟显示出清晰的五角星状。同样，对于我们的人生也是如此，如果一味地走别人走过的老路、毫无创新的话，那么，你也只能复制出别人的未来；而如果你寻找到属于自己的、正确的活法，那么，你的未来就是美好

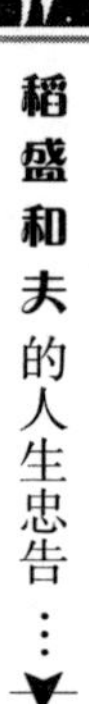

的。事实上，无论做什么，都是这个道理，都要有灵光的头脑，善于创造性思维，不能钻牛角尖。这条路走不通，不妨另走一条，多一条路多一道风景。思维一变天地宽，勤思考，善于逆向、转向和多向思维的人，总能找出解决问题的方法，总能以最少的力气，做出最满意的效果。

曾有人这样诠释创新："你只要离开常走的大道，潜入森林，你就肯定会发现前所未有的东西。"创新的成功总是孕育着创新者的强烈创新意识。要想摆脱传统观念和习惯思维的局限，就要鼓励自我打破思维禁锢，突破常规的路线，激活创新的意识。

现代社会的年轻人，在生活中，你也要培养自己多角度看问题的能力，在规划自己的人生道路上，绝不能人云亦云。

5 岁的小姑娘刘明明，是北京某机关大院里的孩子王，常常被幼儿园阿姨追到家里找父亲告状，带着一群小朋友爬树偷摘园里刚刚成熟的苹果，替被外班同学欺负的小伙伴去打抱不平，反正每样闯祸的事情都和她脱不了干系。

将近半个世纪之后，福伊特造纸技术(VOITH PAPER)中国区总裁兼首席代表刘明明，坐在她上海的办公室里回忆童年："我从小胆子就大，而且敢作敢当，性格特别像男孩子。"事实上，刘明明今天仍然是一位以"大胆"给人留下深刻印象的女总裁：为了上亿美元的大项目敢和顶头上司针锋相对，在意见不同时敢于坚持，力排众议说服犹豫不决的集团总部给中国市场重新定位，甚至最初获得"首席代表"的身份也颇有些传奇色彩："他们最早想让我做副手，我说，我自己去和董事会谈。"

从一个捣蛋鬼、小女子到一位身价不菲的女总裁，正是她身上那股敢于说"NO"的勇气，让她跻身于成功者的行列年轻人们，你是否曾经是那个经常被欺负的小孩？如果你还揣着成功梦，你就必须学会说"NO"。

松下幸之助曾经说过："今日的世界，并不是武力统治而是创新支配。"一个小小的改变，只要能跳出传统守旧的观念，将自己思想方式巧妙地变一变，往往就会产生意想不到的效果。还记得那个引起诸多争议的人物拿破

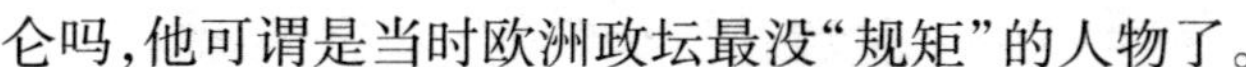

仑吗，他可谓是当时欧洲政坛最没“规矩”的人物了。

拿破仑从政没有规矩：一个没有贵族血统、没有门第背景的人，依靠娶了一个有钱的寡妇，挤进了法国政坛。他打仗没有规矩：别人都是列着队敲着鼓走到跟前了再放枪，可他打仗是先用大炮轰，然后再让骑兵冲上去一顿乱砍。他曾下达过一条著名的指令：“让驴子和学者走在队伍中间。”在拿破仑的远征军中，除了2000门大炮外，还带了175名各行业的学者以及成百箱的书籍和研究设备。他用人没有规矩：除了法国，当时没有任何一个欧洲国家的元帅是鞋匠木工小摊贩，可他的26位元帅中有24位出身于此类平民。他甚至连加冕都没有规矩：别的皇帝都是跪下让教皇把王冠给他戴上，他竟然是站起来抓过王冠，自己给自己戴上的！

如同当时欧洲的贵族们怒斥的那样：拿破仑这个土匪是世界上最没有规矩的人！但他成为了蜚声于世的拿破仑，成为一代代军事迷追逐的神话。规矩是一种标准、法则和习惯，合乎标准和常理的人总是规矩最忠实的践行者，但他们终生踏着别人的脚印走路，毫无创意可言。

人们常说：“创新始于天才。”其实，这话应该打个颠倒，“天才始于创新”才合乎情理。“天才”与大家一样，原本都是普普通通的人，重要的区别就是他们敢于创新、敢于寻找自己的“活法”罢了。

其实每个人都有自己的创新意识，有的时候只是处于隐蔽状态，未曾开发出来而已。因此，新时代的年轻人们，只要你敢于突破常规、敢想敢干，一样能够突破自我。

杰出的创意是获得成功的可靠保障，良好的思维胜于健全的体魄。成功是从“想”开始的。只有敢“想”，会“想”，并“想”出结果，才会是成功者的候选人。

为此，在追求成功的人生道路上，你首先懂得反省，及时悬崖勒马。当我们的思维活动遇到障碍，陷入困境，难以再继续下去的时候，往往都有必要认真检查一下：我们的头脑中是否有某种定势思维在起束缚作用？我们是否应该换个角度去看问题了？

其次，你要善于变通，敢于尝试。变通思维是创造性思维的一种形式，是创造力在行为上的一种表现。思维具有变通性的人，遇事能够举一反三，闻一知十，做到触类旁通，因而能产生种种超常的构思，提出与众不同的新观念。科学领域中的任何建树，都需要以思维的变通为前提。一般来说，变通思维用好了，就会起到一种“柳暗花明”的奇妙作用。

当然，我们这里所说的创新、变通，主要说的是对人们日常形成的思维定式敢于提出挑战，而不是不遵守法律。法律是维持一个社会正常运转的必需品，它约束我们不做对他人有伤害的行为，唯有来自上辈人以及大多数人习惯的定式规则，才是禁锢我们头脑的一大天敌。不论个人还是企业，一旦头脑被禁锢，他的发展就一定受到限制。

你具有超越现实的想象力和创造力吗

我们都知道，科研工作者从事一项研究时都要力求创新，而创新是思维的结果。一个人只有敢于打破现有的固定模式，才可能创造出奇迹，而奇迹不是每天都会发生的。想要奇迹发生，还要看你的行为标志和思维状况。那么，生活中的年轻人，你是甘于平静，还是让生命充满色彩呢？如何才能产生创造力呢？

对此，稻盛和夫对年轻人发出疑问：“你具有超越现实的想象力和创造力吗？”这句话的含义是，在不能清晰看见完成形态之前，假若事先没有强烈的愿望、不深思、不认真开展活动，那么创造性的工作及其成功的人生也是没有把握的。

比如，新开发的产品并不仅是满足要求式样、性能等必要条件即可。没有达到深思熟虑后的“看得见”的理想水准的产品，即使能充分满足标准要求也仍然不能说是好产品。这种普通水准的产品不能广泛得到市场认同。

这一点，他是深有体会的。

以前，和稻盛和夫共事的是他的一个大学同学，这位同学和部下辛苦了数月反复实验探索，终于完成了一个产品。但是，当稻盛和夫看完产品后，却冷淡地说声“不行”便退回给他了。

“为什么？产品性能完全符合客户要求。”

“不对。原来我期待的比这水平更高，首先颜色就不鲜亮嘛！”

“你如果也是技术人员，就请不要说‘颜色不鲜亮’这样感性的话。这是工业产品，你不更科学、更合理地评价就太糟糕了。”

“不管感性与否，反正我心里看见的就不是这样不鲜亮的陶瓷。”

“所以不行！”稻盛和夫命令他重做。尽管他十分清楚先前同事所吃的苦头以及被退回的怒气。但是，不管怎样，反正做出来的结果和他先前看见的——尽管是外观方面的——明显是不同的。于是，经过多次重做，他们终于成功烧烤出理想的产品。

稻盛和夫认为，不惜一切，努力创造世界公认的“尽善尽美”的产品，这对于以创造为目标的人来说是非常重要的，甚至是一种义务。

从稻盛和夫的经历中，我们可以得出，创造力的产生源于想象力。任何一个年轻人都逃不过未来社会激烈的竞争。任何竞争不仅需要胆魄和勇气，更需要思想和智慧，需要变通，而没有想象力和创造力都是可怕的，都只能走别人的老路，甚至以失败告终。

有这样一个案例：

电影界突然一窝蜂地拍摄有动物参加演出的影片。虽然大家几乎是同时开拍，但是其中有一家，不但推出得早了许多，而且动物的表演也远较别人精彩，这是为什么呢？

原来，这位导演在同一时间找了许多只外型一样的动物演员，并各训练一两种表演。于是当别人唯一的动物演员费尽力气也只能演几个动作时，他的动物演员却仿佛通灵的天才一般，变出许多高难度的把戏。而且因为他采取好几组同时拍的方式，剪接起来立刻就可以将电影推出。观众只见其中的小动物爬高下梯、开门关窗、卸花送报、装死促狭，却不知道全是不同的小动物演的。

这个世界上没有任何事情是一成不变的，世界上也没有死胡同，关键就看你如何去寻找出路。改变事物的现状就是运用思维的力量，思路一变方法来，想不到就没办法，想到了又非常简单，人的思维就是这样奇妙。有一句话说得好："横切苹果，你就能够看到美丽的星星。"

有个在马戏团做童工的小男孩，他的工作是负责向看马戏的客人推销小食品。但每次看马戏的人不多，买东西吃的人更少，尤其是饮料，很少有人问津。这下可怎么办呢？没人买东西，意味着他的收入惨淡，他也可能面临失业。

在不知道如何是好的时候，突然有一天，他突发奇想：向每个买票的人赠送一包花生，借以吸引观众，但老板不同意这个"荒唐的想法"。他就用自己微薄的工资作担保，恳求老板让他试一试，并承诺说，如果赔钱就从工资里扣，如果赢利自己只拿一半。于是，马戏团外就多了一个义务宣传员的声音："来看马戏，买一张票送一包好吃的花生！"在他不停地叫喊声中，观众比往常多了几倍。

观众们进场后，他就开始叫卖起柠檬水等饮料，而绝大多数观众在吃完花生后觉得口干时都会买上一杯，一场马戏下来，他的收入比以往增加了十几倍。

故事中的小男孩，在面临自己的推销工作即将失去、没有收入的情况下，他立即想到了另外一种推销方法：先免费赠送花生，使得观众先"占他的便宜"，进而由于口渴而不得不主动买他的汽水。这种方法无意间就推动了他的销售。如果他总是用一直使用的方法，被动地等待客人来买饮料的话，他的工作成果肯定得不到任何改观。

生活中，只要我们能开发大脑，运用想象力，跳出思维的框框，就能发现发现思维的另一个高度，就会得出异乎寻常的答案。

"牛仔大王"李维斯年轻的时候，带着梦想前往西部追赶淘金热潮。一

日，突然间他发现有一条大河挡住了他往西去的路。苦等数日，被阻隔的行人越来越多，到处是怨声一片。而心情慢慢平静下来的李维斯突然有了一个绝妙的创业主意——摆渡。由于大家急着过河，所以没有人吝啬坐他的船，迅速地，他人生的第一笔财富居然因大河挡道而获得。

渐渐地，摆渡生意开始清淡。李维斯决定继续前往西部淘金。来西部淘黄金的人很多，但卖水的人却没有，所以，水在这个地方成了最珍贵的东西。不久，他卖水的生意便红红火火。后来，同行的人已越来越多。终于有一天，在他旁边卖水的一个壮汉对他发出通牒："小伙子，以后你别来卖水了，从明天早上开始，这儿卖水的地盘归我了。"他以为那人是在开玩笑，第二天仍然来了，没想到那家伙立即走上来，不由分说，便对他一顿暴打，最后还将他的水车也一起拆烂。李维斯不得不再次无奈地接受现实。然而当这家伙扬长而去时，他却立即又有了一个绝妙的好主意——把那些废弃的帐篷收集起来，洗干净后，缝制成衣服，那么一定会有人愿意买。就这样，他缝成了世界上第一条牛仔裤。从此，他一发不可收拾，最终成为举世闻名的"牛仔大王"。

聪明的人总是能不断寻找成功的机遇，即使在困境中亦是如此，因为他们从不会因眼前的现状而停止思考，李维斯的成功就说明了思维的力量。在顺境中多思考，我们能保持清醒的头脑、稳健前进的脚步；在逆境中多思考，我们会找到失败的症结，踏上通往成功的道路。

年轻人们，试想一下当提到铅笔的用途的时候，你能想到些什么呢？可能你会说"书写"，但实际上，这只是铅笔的通常用途，你至少可以得出这样多的答案：绘画、当发簪、做书签、当尺子画线，它削下的木屑可以做成装饰画，遇到坏人时削尖的铅笔还能作为自卫的武器……所以，千万不要以为铅笔只有一种用途——写字。这就考验了你的思维能力。如果你不能做到转换思维思考问题，那么，可能你就能找出为什么你总是不断尝试却不断失败了的症结所在了。

当然，一个人开发自己的想象力是需要从日常生活中开始的，当你每天

早晨一打开窗户的时候，就会感受到一股新鲜的空气。于是，你感觉自己的身心是多么的轻松。接下来要做的事情就是，投入到每天的学习或工作当中，好像这个世界上的事情永远做不完似的。而最重要的是，你可以每天让自己多出一点新奇的想法，给生活增添一点新奇的意味。如果你这样去做了，那么，你就等于在努力突破自我，虽然现在还没有奇迹发生，但至少你和原来的你是不同的了。

创新让一切变得生机勃勃

自古以来，人类就是在不断的创新中不断进步的，可以说，人类如果没有创新，只会停滞不前。同样，作为单个人，如何保持思考创新直接关系到一个人的事业成败，因为只有创新才能激活自己全身的能量。有效的创新会点击人生火花，成为突出生存的梦想和手段。谁有创新思想，谁就会成为赢家；谁要拒绝创新，谁就会平庸！

年轻就是力量，年轻人，只要你敢于创新，你的生活与工作都会变得生机勃勃，你就会与众非凡。

法国心理学家约翰·法伯曾经做过一个著名的实验，他把许多毛毛虫放在一个花盆的边缘上，使其首尾相接，围成一圈。在花盆周围不远的地方，他撒了一些毛毛虫喜欢吃的松叶。毛毛虫开始一个跟着一个，绕着花盆的边缘一圈一圈地走，一小时过去了，一天过去了，又一天过去了，这些毛毛虫还是夜以继日地绕着花盆的边缘转圈，一连走了七天七夜，它们最终因为饥饿和精疲力竭而相继死去。其实，如果有一个毛毛虫能够破除尾随的习惯而转向去觅食，就完全可以避免悲剧的发生。后来，科学家把这种喜欢跟着前面的路线走的习惯称之为“跟随者”的习惯，把因跟随而导致失败的现象称为“毛毛虫效应”。

这个效应告诉我们，盲目地跟随他人不一定有好结果，我们的生活需要创造力。创造力是指产生新思想、发现和创造新事物的能力。生活中的年轻人，都是未来社会的主人，应当具有锐意变革的精神，才能使自己处于竞争中的有利地位。

稻盛和夫强调一点，持续就是力量，但他所谓的坚持，并不意味着坚持是“相同的重复”。坚持和重复是两码事，不是漫不经心地重复昨日，而是明天比今天、后天比明天，必须前进，哪怕是一点点的进步与改善。这样的“创意精神”能够加快成功的速度。

稻盛和夫是从一个技术员开始做起的，所以，即使已经亲身经营两家世界五百强公司，他依然会经常不知不觉地养成一种扪心自问的习惯“这样行吗？还有没有更好的方法?”从这个观点来看，即使对待一件琐事也有很多发挥创意精神的余地。

的确，即使再细小的事情，是否思考改良的人与墨守成规的人，从长远地看，将产生惊人的差距。我们同样以扫地为例，每天反复琢磨如何扫得更干净，更快捷的人也许会独自成立承包清洁的公司并担任总经理。与此相对，得过且过懒得想办法的人一定依然每天继续扫地工作。

在昨日努力的基础上再稍加改良，今日要比昨日有进步，即使只有一小步。这种从不懈怠、坚持到底的态度，将终会与他人拉开巨大的差距。绝不走同一条路，是走向成功的秘诀。

同样，古今中外，任何一个成功者，都具有一些共同的特质：他们积极主动，富有创造力。同样，任何一个年轻人，无论现在处于什么样的境况，他们也渴望成功，渴望以现在的岗位为起点，不断攀登事业上的高峰，那么，你就需要积极主动，富有创造力。

创新者往往能抓住机遇的尾巴，为自己赢得新收益。我们经常说，方法总比问题多，事实上，人们都不愿意开动脑筋去寻找方法，因为这是一件伤脑筋的工作，于是，为了保险起见，我们更愿意使用前辈们已经传授给我们的方法和经验，而这却容易使得我们陷入思维的惯性中，即按固定的思路去

想问题，而不愿意换个角度、换种方式去想，拘泥于某种模式。这样不仅不利于问题的更好解决，更是阻碍了我们的思维活性。

这是微软全球副总裁张亚勤亲身经历的一个故事：

1985 年，张亚勤赴美留学，在以满分通过博士生入学考试后，张亚勤跑去向导师求教如何选择博士论文的题目。

“老师，您看我的博士论文到底该做什么题目？”

谁知道那位老师说：“我还正要问你这个问题呢！”

张亚勤感到很意外。因为在国内，总是导师先给学生划定一个大致的论文范围。而在美国，总是学生自己找研究课题，导师只是最后帮助把握一下，提一些建议。张亚勤很快意识到这就是东西方教育的区别：“开放”与“计划”教育的区别。他认为这种开放的学习方式更能使人产生学习兴趣，也更有创造力：“自己选课题的时候总是最用心的时候。”

的确，知识社会的秘密就在于创造力。正如画家笔下的世界，一张纸、一支画笔，基本颜色永远只有那几种，无非是线条和点的组合，每个元素都没有新的发明，但因为画家的创造力，它就能具备无限的艺术价值。缺乏资源的日本就是个榜样，在其 1982 年的国策审议中，日本作出了“开发日本人的创造力，是日本通向 21 世纪的支柱”的决议，把开发国民创造力作为基本国策来执行。

在创新的过程之中，最可怕的是想象力的贫乏。爱因斯坦说：“想象力比知识更为重要。”可以这样说，人的一切发明与创造都源于想象力。一个人一生的成就，全归功于他能建设性地、积极性地利用想象力。有与众不同的想法，才能有与众不同的收获。

年轻人，你若想成为一名拥有创造力的人：

第一，破除权威给自己带来的思想困扰；

第二，看到从众心理的危害，“从众”只会让你人云亦云；

第三，要破除观念思维、经验主义等主观定势，没有所谓绝对的真理，因此，我们不仅需要敢于挑战专家的权威，也需要敢于自我否定。

另外，对于一个创造型人才来说，积极注重于自信非常重要。拥有自信，才能够不怕失误、不怕失败地去进行新的尝试。在大多数情况下，不敢自信走“小路”的人，通常也难成为创业型人才。

萧伯纳有一句名言：“明白事理的人使自己适应世界，不明白事理的人想使世界适应自己。”人都是在这种主动的不断调整、不断适应的过程中成长的。那些被动学习和工作的人，总是郁郁不得志。相反，那些积极上进勇于创新者，也许常有一时的困顿，但最终都能拥有一个比较辉煌的职业前景。

环境是特定的，人是灵活的。因此，人不能被特定的环境所压制，而是要努力去冲破环境，即作为人是不能被环境所屈服的，因为我们是勇敢的。我们要超越环境之上，做一个永远的胜利者。当一个人最想做自己的时候，那就等于想解放自我，而不再做环境的奴隶。即使这样做是要付出很大代价的也不怕。

想象在一个人成功过程中起着非常重要的作用。总之，年轻人，你只有打开想象力的闸门，更有力地展开想象力的翅膀，才会翻腾起充满被动的思维大潮，才会让思想飞到一个前所未有的成功境地。

善于反省:为心灵开垦一片净土

自己的言行中,如果有值得反省之处,哪怕只有一点点,也要改正。天天反省也能磨练灵魂、提升人格。——稻盛和夫

我们都知道,尘世生活纷纷扰扰,长期行走于世,心灵难免会染上尘埃,为此,稻盛和夫长期坚持修行,并相信持续的力量,在修行的过程中,他认识到了自身的很多问题。为此,他忠告所有年轻人,一定要懂得自我反省,要善于时时给自己找一面反思的“镜子”,而不要被表面的现象所迷惑,不要亦步亦趋,不要蒙蔽了自己的心,不要被日复一日的生活、工作常规中绊住了双脚,而应该为自己的心灵开垦一片净土,以供自己静心反思。

树立正确的人生态度

生活中，人们常说“人生态度”一词，那么，什么是人生态度呢？人生态度，是指人们通过生活实践形成的人生问题的一种稳定的心理倾向和基本意愿。人生态度主要包括人们对社会生活所持的总体意向，对人生所具有的持续性信念以及对各种人生境遇所作出的反映方式等，是人们在社会生活实践中所形成的对人生问题的稳定的心理倾向。

经营日本京瓷公司和DDI公司的稻盛和夫认为，树立正确的人生态度和人生哲学并始终贯彻执行，这是现在对我们每一个人的最大要求。只有这样才能使我们每一个人的人生走向成功和辉煌，同时也是人类走向和平和幸福的王道。如果你能把这样的活法当做人生指南我就不胜荣幸了。

这是稻盛和夫给所有追求成功的年轻人的忠告。诚然，年轻一代，应该有理想、有抱负，但无论如何，都应以正确的人生态度为前提。年轻人刚刚踏上人生的漫长路程，美好的明天有待于创造。年轻人的人生观正处在形成时期，人生的基本态度还没有完全确立。如果不注意培养正确的人生态度或者树立起错误的人生态度，将会影响自己的一生。只有树立起正确的人生态度，才能使自己走好人生道路上的各个阶段，才能使自己在复杂的社会之中正确处理各种矛盾，战胜各种困难，历经曲折的征途，创造美好的人生。

在清代民间，人们常说，“和珅跌倒，嘉庆吃饱”。和珅之所以为千夫所指，可以说，就是因为错误人生态度的形成。

和珅最初为官时一心报效国家，与朝中的清官一起打击福康安、福长安等贪污官员，更在二十六岁时就任管库大臣，管理布库，他从这份工作中学习到如何理财，他勤朴地管理布库，令布的存量大增，他凭借这些才干，得到

乾隆的赏识。乾隆四十年，和珅擢为乾清门御前侍卫，兼副都统。乾隆十一月再升为御前侍卫，并授正蓝旗副都统。乾隆四十一年正月授户部侍郎，三月授军机大臣，四月授总管内务府大臣。这两年间，和珅清廉为官，勤奋好学，成为一位有为的青年。

乾隆四十五年正月，海宁揭发大学士兼云贵总督李侍尧涉嫌贪污，乾隆下御旨命刑部侍郎喀宁阿、和珅和钱沣远赴云南查办李侍尧。起初毫无进展，后来和珅拘审李侍尧的管家赵一恒，向赵一恒严刑逼供，赵一恒起初还拼死抗争，拒不招认，后来终于奈不住痛楚，把李侍尧的所作所为一一向和珅作了交待。和珅有了坚实的证据，心里就有了底，踏实下来。他把赵一恒交待的事项笔录下来，又命人召来了云南李侍尧属下的大官员，当着他们的面宣告了赵一恒的供述。那些原来忠于李侍尧的官员见和珅已掌握了证据，纷纷出面指控李侍尧的种种罪行，就连那些曾向李侍尧行贿的官员，也申明自己是迫于李侍尧的淫威被迫行贿的。和珅取得了实据，迫使精明干练的李侍尧不得不低头认罪。和珅也因此被提升为户部尚书。

李侍尧案审结后，李侍尧被判斩监候，李侍尧和他的党羽一大份财产被和珅私吞，加上乾隆的赏赐，和珅终于初尝掌握大权大财的滋味。四月，长子丰绅殷德被乾隆指为十公主额驸，领受乾隆赏赐黄金、古董等，百官争相巴结。和珅起初不受贿赂，但日子一长就开始贪污。他广结党羽，形成一股大势力(讽刺的是，党羽中包括当年在云南被和珅百般羞辱的李侍尧)，更培植犯罪集团用以迫害政敌、地方势力和人民。俨然成了一个金字塔式的大贪污集团，和珅就立在金字塔的顶端。

嘉庆登基后，曾列出和珅二十条罪状。最后和珅被嘉庆皇帝赐死。

乾隆年间，和珅被皇上宠信之极，官阶之高，管事之广，兼职之多，权势之大，清朝罕有。但这一切都是过眼云烟，损害了人民的利益，欺上瞒下，最终落得了个狱中自尽并遗臭万年的凄惨结局。我们不难发现，为官之初的和珅原本是个清廉之人，但李侍尧案后，他尝到了金钱的滋味，才一失足，形成了错误的人生态度，最终成千古恨。

其实，我们不难发现，即使在今天，也有一些人，他们原本一直都是走在一条正确的人生道路铺成的康庄大道上，但却经不住诱惑，为自己埋下了毁灭的炸弹。这种错误的人生态度一旦蔓延到民族或者人类这一大群体上，就会产生严重的后果。

要经历比他人更为艰苦的人生，并不断严格要求自己，这是不可或缺的。努力、诚实、认真、正直……严格遵守这些看似简单的道德观和伦理观，并把它们作为自己的人生哲学或人生态度的不可动摇的基础。

树立正确的人生态度和人生哲学并始终贯彻执行，这是现在对我们每一个人的最大要求。只有这样才能使我们每一个人的人生走向成功和辉煌，同时也是人类走向和平和幸福的王道。

总之，任何一个年轻人应该认识到，树立正确的人生态度，对于人的一生有着十分重要的意义。人生态度，具体的表现在人们怎样对待人生所遇到的每一个具体问题上，关系着人们在每一个具体问题上得到什么结果。人们对待人生的每个具体问题的态度不尽相同，在人生的每个阶段上的态度也有所不同，但是，一个基本的人生态度始终贯穿在其中，决定着人的一生。

由此看来，一个人如果没有正确的人生态度，他不仅在每个具体问题上失败，而且他的一生也不会有一个好的结局。树立起正确的人生态度，不仅可以使人们处理好人生道路上的各种具体问题，迈好人生道路上的每一步，而且可以使人们几十年如一日，走出一条美好光明的人生历程。

学会反省，补充流失的养分

有位哲人说："人，一撇，一捺，说起来容易，做起来难。"的确，因为人无论如何也不能做到完美。"金无足赤，人无完人"说的就是这个道理。既然人无完人，人就需要不断地自我完善，只有不断地进行自我完善才能进步，才会随时代一起创新，一起进步。新时代的年轻人，如果你希望不断完善自身的能力、知识、心灵，就要学会反省，补充不断流失的水分。

正是因为认识到这一点，稻盛和夫提出：居于人上的领导们需要的不是才能和雄辩，而是以明确的哲学为基础的"深沉厚重"的人格。谦虚、内省之心、克己之心、尊崇正义的勇气或者不断磨砺自己的慈悲之心，一言蔽之，就是他必须是抱持"正确的生活方式"的人。

南宋僧人曾做一偈："身是菩提树，心发明镜台。时时勤拂拭，勿使惹尘埃。"实际上，任何一个人，行走于世时间长了，心灵难免会沾染上尘埃，如果不能经常自我反省，很容易使原来洁净的心灵受到污染和蒙蔽。我们身边有很多每天都开心生活的人，他们的共同特质在于懂得自省，因而有能力为自己的所作所为找到深赋价值的目的。

早年在美国阿拉斯加地方，有一对年轻人结婚，婚后生育，他的太太因难产而死，遗下一孩子。他忙生活又忙于看家，因没有人帮忙看孩子，就训练了一只狗。那狗聪明听话，能照顾小孩，咬着奶瓶喂奶给孩子喝，抚养孩子。有一天，主人出门去了，叫它照顾孩子。他到了别的乡村，因遇大雪，当日不能回来。第二天才赶回家，狗立即闻声出来迎接主人。他把房门开一看，到处是血，抬头一望，床上也是血，孩子不见了，狗在身边，满口也是血，主人发现这种情形，以为狗性发作，把孩子吃掉了，大怒之下，拿起刀来向着狗头一劈，把狗杀死了。之后，忽然听到孩子的声音，又见他从床下爬了出来，于是抱起孩子；虽然身上有血，但并未受伤。他很奇怪，不知究竟是怎么一回事，再看看狗身，腿上的肉没有了，旁边有一只狼，口里还咬着狗的肉；狗救了小主人，却被主人误杀了，这真是天下最令人悔恨的误会。

误会的事是人往往在不了解、无理智、无耐心、缺少思考、未能多方体谅对方、反省自己、感情极为冲动的情况之下发生的。误会一开始即一直只想到对方的千错万错；因此，会使误会越陷越深，弄到不可收拾的地步。人对无知的动物小狗发生误会，尚且会有如此可怕严重的后果；人与人之间的误

会，其后果更是难以想象。

关于人，曾经有个传说，上帝在造人的时候，还为人们挂上了两个不同的袋子，一前一后，前面的袋子是装着别人的缺点，后面的袋子挂的是自己的缺点。人们在遇到困扰的时候，习惯性地挑别人的毛病，而很少怀疑自己。这个道理在我们的生活中也随处可见，当我们不小心被东西绊倒了时，我们总是怪别人乱放东西，而不会想到自己走路不看路。

其实，当我们遇到问题时，应该学会反省，反省自己的行为，反省自己的思想，我们要会承担自己的责任，学会反省自己的言行。任何时候，学会反省自己始终是最明智、最正确的生活态度。

那么，什么是反省呢？反省即检查自己的思想行为，检查其中的错误。学会反省就是人对一件事情作出自我检查。古人云："知人者昏，自知者明。"的确，人贵在有自知之明，试想，如果一个人自己不能了解自己，目空一切，心胸狭窄，心比天高，又怎么会虚心进取？古人邹忌自知自己不如城北徐公美，但却从中得出客人有求于他，他的妻子爱他，他的小妾害怕他，都是因为有求于他，这说明他是一个注重自省自知的智者。

有这样一则寓言相信大家都不会陌生：

一只狐狸在跨越篱笆时滑了一下，幸而抓住一株蔷薇才没有摔倒，可它的脚却被蔷薇的刺扎伤了，流了好多血。受伤的狐狸很不高兴地埋怨蔷薇说："你也太不应该了，在我向你求救的时候，你竟然趁机伤害我！"蔷薇回答说："狐狸啊，你错了！不是我故意要伤害你。我的本性就带刺，是你自己不小心，才被我刺到了。"

在我们的周围也有很多这样的人，他们在遭遇挫折或犯了错误的时候，不是反躬自省，而是责怪或迁怒别人。

其实，犯错并不都是坏事。敢于不断犯错的人往往也是最容易成功的人，因为他总是无所畏惧，敢于从各个角度尝试不同的办法，最后总能有所突破。人不怕犯错误，关键是要知错能改。对我们所犯的每一个错误，要对它有所分析，有所记录，不断地反省并时刻铭记，以避免下次重蹈覆辙。这样，错误就变成了经验，这些经验对你最后的成功至关重要。

每天我们都要照镜子，看看我们的穿着是否得体，脸上是否有灰尘，那么，我们道德上的灰尘怎么发现？我们思想上的不足怎样找到？我们创意上的失误又该怎样避免？

不难，别人就是一面最好的镜子，以人为鉴可以知得失。深刻地认识自己的错误，不断地进行自我审视，并且勇于承担责任，这才是智者的作为。要记住，偶尔摔一跤并不可笑，可笑的是每次都在同一个地方摔倒。

先哲说："人生的真谛在于认识自己，而且是正确地认识自己。"许多教育家认为，一个人的反思意识应从小培养，因此，尚处于人生积累阶段的年轻人也应当从现在起培养自己的反省意识。

发现自己的问题才能更好地成长

生活中，我们周围的每一个人都是一个单独的个体，人与人虽然没有优劣之分，但每个人自身却各有优点与不足，对于年轻人来说，若能及时发现自己的问题，扬长避短，并加以改进，那么便能更好地成长。对此，稻盛和夫忠告所有的年轻人，自省才能不断磨砺心智。的确，很多成就卓著的人士的成功，首先得益于他们充分了解自己的长处，知道自己的短处，然后根据自己的特长来进行定位或重新定位。

奥托·瓦拉赫是诺贝尔化学奖获得者，他的成才历程极富传奇色彩。

瓦拉赫在开始读中学时，父母为他选择的是一条文学之路，不料一个学期下来，老师为他写下了这样的评语："瓦拉赫很用功，但过分拘泥，这样的人即使有着完美的品德，也绝不可能在文学上发挥出来。"

此时，父母只好尊重儿子的意见，让他改学油画。可瓦拉赫既不善于构图，又不会润色，对艺术的理解力也不强，成绩在班上是倒数第一，学校的评语更是令人难以接受："你是绘画艺术方面的不可造就之才。"

面对如此"笨拙"的学生，绝大部分老师认为他已成才无望，只有化学老师认为他做事一丝不苟，具备做好化学实验应有的品格，建议他试学化学。

父母接受了化学老师的建议。瓦拉赫智慧的火花一下被点着了，文学艺术的"不可造就之才"一下子变成了公认的化学方面的"前程远大的高材生"。在同类学生中，他遥遥领先……

可见，成功是多元的，并没有贵贱之分，适合自己的、自己擅长的就是最好的，也便是成功的。瓦拉赫的成功，说明这样一个道理：人的智能发展都是不均衡的，都有智能的强点和弱点，人一旦找到自己的智能的最佳点，使智能潜力得到充分发挥，便可取得惊人的成绩。这一现象人们常称之为"瓦拉赫效应"。幸运之神就是那样垂青于忠于自己个性长处的人。松下幸之助曾说，人生成功的诀窍在于经营自己的个性长处，经营长处能使自己的人生增值，否则，必将使自己的人生贬值。他还说，一个卖牛奶卖得非常火爆的人，你没有资格看不起他，除非你能证明你卖得比他更好。

当然，任何一个人，在为自己定位前，除了要发现自己的优势，还要看到不足，只有综合发展，才能不断提高自己。生活中，我们都有这样的体会：

倘若有一个木桶，沿口不齐，那么，这个木桶盛水的多少不在于木桶上最长的那块木板，而在于最短的那块木板。要想提高水桶的整体容量，不是去加长最长的那块木板，而是要下功夫依次补齐最短的木板；此外，一只木桶能够装多少水，不仅取决于每一块木板的长度，还取决于木板间的结合是否紧密。如果木板间存在缝隙，或者缝隙很大，同样无法装满水，甚至一滴水都没有。这就是著名的木桶定律。

这是个简单得不能再简单的自然界现象，然而往往越简单的道理越包含更深层的道理。同样，任何一个人的身上总有优缺点，这些优缺点正如这个沿口不齐的木桶。作为我们自身，在察觉到这一问题后，若听之任之，我们的成长就会受到影响。综合能力不但得不到提升，反而会每况愈下。

与木桶定律具有相同含义的，还有这样一个故事：

古希腊神话中,有一位著名英雄——战神阿喀琉斯,传说他有刀枪不入之身,全身唯一可能致命的弱点是他的脚后跟。阿喀琉斯长大后,在特洛伊战争中屡建功勋,所向无敌。后来,特洛伊王子知道了他这个弱点,就从远处向他发射暗箭,这一箭正好射中阿喀琉斯的脚跟,这位大英雄瞬间毙命。

这位大英雄的死缘于自身的唯一不足,但正是这一点点的不足却成为导致悲剧的关键因素。因此,任何一个年轻人,都应该看到自身存在的问题对成长所造成的严重影响。

富兰克林小的时候,家境很穷。所以,他只在学校读了一年书就不得不出去工作。然而,童年时的贫寒并没有消磨他的意志,反倒让他更加上进,最终成了美国杰出的政治家、外交家,受人敬仰。

其实,富兰克林并不是天才。除了刻苦勤奋外,他是不是还有什么成功的秘诀呢?事实上,富兰克林的身上有一种非常重要的品质,那就是经常反省自己。正是这种品质,促使他不断地发现自己的缺点,不断改进,成为一个拥有很多美德的人,最终走向成功。

每天晚上,富兰克林都会问自己:“我今天做了什么有意义的事情?”

他检讨自己的缺点,发现自己有 13 种严重的缺点,而其中为小事烦恼、喜欢和别人争论、浪费时间这 3 个最为突出。他通过深刻的自我检讨认识到:如果要成功,就一定要下决心改造自己。

于是,富兰克林设计了一个表格。表格的一边写下自己所有的缺点,另一边则写上那些美好的品质,比如俭朴、勤奋、清洁、谦虚等。他每天检查,反省自己的得与失,立志改掉缺点,养成那些美德。这样持续了几年,他终于成功了。

的确,我们每个人都不可能永远不犯错误。因此,及时地反省和自我批评往往是纠正自身错误、实现快速转变的关键所在。面对激烈的竞争,面对瞬息万变的环境,那些不愿意反省自己或者不愿意及时改正错误的人,必将面临衰败的结局。同时,在快节奏的信息社会中,一个人如果不能及时察觉自身的缺点,不能用最快的速度修正自己的发展方向,也必然会在学业和事业中落伍，被无情的竞争淘汰。

据说，有一次，爱因斯坦上物理实验课时，不慎弄伤了右手。教授看到后叹口气说："唉，你为什么非要学物理呢？为什么不去学医学、法律或语言呢？"爱因斯坦回答说："我觉得自己对物理学有一种特别的爱好和才能。"

这句话在当时听似乎有点自负，但却真实地说明了爱因斯坦对自己有充分的认识和把握。

现实生活中，一些人在人生发展的道路上把命运交付到别人手上，或者人云亦云，盲目跟风。他们忽视了自己的内在潜力，看不到自身的强大力量，甚至不知道自己到底需要什么，不知道未来的路在哪里。于是，他们浑浑噩噩地度过每一天，一直在从事自己不擅长的工作，以至于一直无所成就。

美国"氮弹之父"爱德华·泰勒具有极好的自我纠错习惯。他经常兴致勃勃地谈起自己的某个最新见解，不久后又会毫不留情地自我否决掉。尽管他的十个见解中往往大部分都是错的，可是他凭借有错就纠的好习惯，能够在"沙里淘金"，最终做出了不平凡的成就。

我们也可以这样问自己，我们到底是在不断提升自己，还是只顾面子，不肯跟自己"摊牌"呢？或许有正直不阿的指导者曾经指出你所犯的错误，可是却遭到你的当面驳斥，因为你实在是不愿意相信，你并不如你自己想象中那样好。

总之，年轻人，你要做一个善于自我反省的人，只有这样才能够发现自己的缺点或者做得不够好的地方，然后加以改正，使自己不断进步，并能够扬长避短，发挥自己的最大潜能，从而不断获得成功。

给自己一段独立思考的反省时间

我们知道，人都是群居动物，并且，我们每个人每天都要为生计奔波，都

要面临繁重的工作压力，我们常常需要周旋于各种应酬场合中，我们似乎很少静下心来，思考人生，思考自己，但你发现没？立身于尘世中太久，你经常有种孤独、寂寞、窒息的感觉。你不知道自己要的到底是什么样的生活。你的心是否曾经被一些自私自利的狭隘思想笼罩过？你是否已经变得人云亦云？“不识庐山真面目，只缘身在此山中”，为此，我们任何一个人包括所有的年轻人，都要有“吾日三省吾身”的心，要有“跳出庐山看庐山”的胆，给自己一段独立思考的时间，做回真正的自己。

被人们誉为日本经营之神的稻盛和夫即使在事业有成后依然经常修行，这就是一种让自己远离尘嚣、反思自己的良好方法。在修行中，他曾悟出众多人生道理，自省便是其中之一。

年轻人，你也应该向稻盛和夫学习，认识自己，反省自己，才能不断进步。你不妨在忙碌之余为自己寻找一片心灵的净土，带着一颗最本真的心认识自己。

一位年轻人去看医生，抱怨生活无趣和永无休止的工作压力，心灵好像已经麻木了。诊断后，医生证明他身体毫无问题，却觉察到他内心深处有问题。医生问年轻人：“你最喜欢哪个地方？”“不知道！”“小时候你最喜欢做什么事？”医生接着问。“我最喜欢海边。”年轻人回答。医生于是说：“拿这三个处方，到海边去，你必须在早上 9 点、中午 12 点和下午 3 点分别打开这三个处方。你必须同意遵照处方，除非时间到了，否则不得打开。”

这位年轻人身心俱疲地拿着处方来到了海边。

他抵达时刚好接近 9 点，独自一人，没有收音机、电话。他赶紧打开处方，上面写道：“专心倾听。”他开始用耳朵去倾听，不久就听到以往从未听见的声音。他听到波浪声，听到不同的海鸟叫声，听到沙蟹的爬动，甚至听到海风低诉。一个崭新、令人迷恋的世界向他展开双手，让他整个安静下来，他开始沉思、放松。中午时分他已陶醉其中，他很不情愿地打开第二个处方，上面写道：“回想。”于是他回想起儿时在海滨嬉戏，与家人一起拾贝壳的情景……怀旧之情汩汩而来。近 3 点时，他正沉醉在尘封的往事中，温暖与

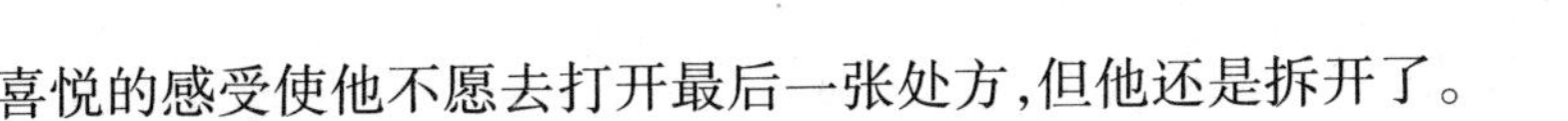

喜悦的感受使他不愿去打开最后一张处方，但他还是拆开了。

“回顾你的动机。”这是最困难的部分，亦是整个“治疗”的重心。他开始反省，浏览生活工作中的每件事、每一状况、每一个人。他很痛苦地发现他很自私，他从未超越自我，从未认同更高尚的目标、更纯正的动机。他发现了造成疲倦、无聊、空虚、压力的原因。

这个故事中，这位年轻人通过医生的建议来到海边，给了自己一个自我反省的机会，才认识到自己的缺点——自私、从未超越自我、从未认同他人，这就是他感到空虚、压力大的原因。心理学家曾说过：“人是最会制造垃圾污染自己的动物之一。”正如清洁工每天早上都要清理人们制造的成堆的有形的垃圾一样，我们要想彻底消除倦怠，也必须经常反省自己，时刻清洗心灵和头脑中那些烦恼、忧愁、痛苦等无形的垃圾，真正让自己时刻心如明镜、洞若观火，以最好的状态投入工作。

有人说“成功时认识自己，失败时认识朋友”固然有一定的道理，但归根结底，我们认识的都是自己。无论是成功还是失败时，都应坚持辩证的观点，不忽视长处和优点，也要认清短处与不足。同时，自我反省、认清自己还能帮助我们做回自我，只有这样，才能获得重生。

爱因斯坦小时候是个十分贪玩的孩子，他的母亲常常为此忧心忡忡。母亲的再三告诫对他来说如同耳边风。直到16岁那年的秋天，一天上午，父亲将正要去河边钓鱼的爱因斯坦拦住，并给他讲了一个故事，正是这个故事改变了爱因斯坦的一生。

父亲说：“昨天，我和咱们的邻居杰克大叔去清扫南边的一个大烟囱，那烟囱只有踩着里面的钢筋踏梯才能上去。你杰克大叔在前面，我在后面。我们抓着扶手一阶一阶地终于爬上去了，下来时，你杰克大叔依旧走在前面，我还是跟在后面。后来，钻出烟囱，我们发现了一件奇怪的事情：你杰克大叔的后背、脸上全被烟囱里的烟灰蹭黑了，而我身上竟连一点烟灰也没有。”

爱因斯坦的父亲继续微笑着说：“我看见你杰克大叔的模样，心想我一

定和他一样，脸脏得像个小丑，于是我就到附近的小河里去洗了又洗。而你杰克大叔呢，他看我钻出烟囱时干干净净的，就以为他也和我一样干干净净的，只草草地洗了洗手就上街了。结果，街上的人都笑破了肚子，还以为你杰克大叔是个疯子呢。”

爱因斯坦听罢，忍不住和父亲一起大笑起来。父亲笑完后，郑重地对他说：“其实别人谁也不能做你的镜子，只有自己才是自己的镜子。拿别人做镜子，白痴或许会把自己照成天才的。”

的确，正如爱因斯坦的父亲所说，我们只能做自己的镜子，照出真实的自我。

日常生活中，我们既不可能每时每刻去反省自己，也不可能站在一定的高度、以局外人的身份观察自己，于是，我们只能通过外界信息和他人的眼光来认识自己，我们的思维很容易受到外界信息的暗示，我们常常会迷失自己。

日本近代有两位一流的剑客，一位是宫本武藏，一位是柳生又寿郎，宫本是柳生的师傅。当年柳生拜宫本学艺时，曾就如何成为一流剑客请教老师：“以徒儿的资质，练多久能成为一流剑客呢？”宫本答：“至少 10 年。”柳生一听，10 年太久，就说：“如果我加倍努力，多久可以成为一流剑客呢？”宫本笑了笑。柳生又说：“如果我再付出多一倍的努力，多久可以成为一流的剑客呢？”宫本叹了口气答道：“如果这样的话，你只有死路一条，哪里还能成为一流的剑客？”柳生越听越糊涂。这时宫本说：“要想成为一流剑客，就必须留一只眼睛给自己。一个剑客如果只注视剑道，不知道反观自我，不断反省自我，那他就永远成为不了一流剑客。”宫本不愧为一流剑客，言之凿凿，字字珠玑，让柳生茅塞顿开！

“人的差异在于业余时间。”“负担过重必然导致肤浅。”这是爱因斯坦的至理名言！如果我们的双眼被忙忙碌碌、毫无闲暇的工作与生活所蒙蔽了，如果我们的大脑塞满了生活中的繁杂琐碎、平庸无奇，那么我们将和那个柳生一样，难以睁开自己那只独立思考的眼睛，也难以在自己心中清理出一块静心反思的净地。

是啊，年轻人也应该从这个故事中有所感悟，追求理想固然重要，但在这个过程中，如果不留一只眼睛给自己，那么，你只会迷失自己，你要学会静下心来不断叩问自己内心深处发出的声音。

战胜自己:不完美的自己可以从内心加以完善

12

人生最重要的是莫过于内心“描画什么”,这些决定了你的人生。——稻盛和夫

生活中,我们常听到“人无完人”这一词语,它意在告诉我们,没有人是完美的,我们需要接受自己,应该始终听从心的指引。然而,年轻人,对于不完美的自己,我们大可以接受稻盛和夫的启示——从内心加以完善,我们的灵魂需要不断地去修炼;我们需要形成积极的思维方式,我们更需要为自己建立一个智慧宝库,可见,人生最强大的敌人就是自己,最大的挑战就是挑战自我。能够战胜自我的人,他的人生将异彩纷呈。

可以不聪明，但是不能不勤奋

俗话说，金无足赤，人无完人。谁，天生注定就是一个天才？又有谁，天生就是一个蠢才？答案，是否定的。从每一个人诞生的那一瞬间开始，上天就给予了那个人与别人同样高的智商。可是，为什么有些人的成绩名列前茅，而有些人的成绩名落孙山呢？答案只有两个字：勤奋。可能很多年轻人都对自己没有全面的认识，甚至有一些人会因为不够优秀和外貌上的一些不足而感到自卑。但如果你足够勤奋、做足准备的话，那么，你也是优秀的。

年轻人，可能你会惊羡稻盛和夫式的成功，但你可能并不相信稻盛和夫并不是个绝顶聪明的人，甚至在他人生的前半期，他一度是不幸的、失败的，但他是努力的，在做技术员的时候，他就对自己严格要求，他总是他相信持续的力量，即使到今天，他依然告诉自己："无需完美，贵在坚持。"也许这就是他成功的秘诀。

有人说，李阳是中国教育产业里的比尔·盖茨，因为"李阳疯狂英语"让世界语言教学界为之疯狂。但没有人会想到，"疯狂英语"的创始人李阳是一个从小自闭、怕说话、连电话都不敢接的人。

李阳在读大学时，英语成绩一塌糊涂，尤其是听力和口语。一次，李阳被老师叫起来回答一个简单的问题，李阳知道这个问题的答案，可就是说不出来。于是，他对老师说："我可以写在纸上再给你看吗？"同学们都哄堂大笑。老师生气地说："这么简单的句子都说不出来，你还是大学生吗？"接着老师又转过身去对同学们说："如果你们不好好学习口语就像李阳这样。""就像李阳这样"这句话深深地刺激了他。从那时起，他就下定决心，非要把口语练好不可！

于是，他想到了一个办法，开始了练习英语。他每天早晨坚持到学校后面的小山上去练习口语，练习的时侯不是说，而是大声地喊出来，更让人不可思议的是，他的嘴里竟然含着石头。李阳认为，口语不好，主要是两个原因：一是胆子小，不敢说；二是，发音不准，说出来别人也听不清楚。喊英语，能练胆子；含石子，能练发音。就这样，李阳坚持不懈地练习口语，风雨无阻。遇见熟人，也不怕别人耻笑，即使别人骂他疯子，他也不在乎。

功夫不负有心人，奇迹出现了，三个月后，李阳不仅能流利地回答出英语老师的问题，甚至还为老师纠正部分错误的发音。时至今天，“李阳疯狂英语”成了英语学习产品当中最响亮的一块牌子。

“无论是目前找工作，还是工作后，都会面对更多想象不到的困难，只有自己有信心面对才能常胜。”成功后的李阳这样说。

李阳说得对，只有自己有信心面对才能常胜。当我们身处逆境或者困难中时，只要我们满怀信心地面对，我们就是巨人，我们就不会被打倒，而自我责备、自我贬低是最具破坏力的习惯之一。

马克思说：“自暴自弃，这是一条永远腐蚀和啃噬着心灵的毒蛇，它吸走心灵的新鲜血液，并在其中注入厌世和绝望的毒汁。”自信心的确具有无可比拟的重要作用，许多人之所以失败，不是因为失败打败了他们，而是他们自己打败了自己。失败后的自卑心使得他们不敢争取，让他们自己陷入了自卑的情绪之中。这正如莎士比亚所说：“假使我们自己将自己比作泥土，那就真要成为别人践踏的东西了。”如果你认为你会失败，那你就已经失败了。

因此，年轻人，即使你是个不聪明的人，但只要你能正确认识自己，并努力提高自己，就能做到勤能补拙。世人皆晓的爱因斯坦就是一个很好的例子。

爱因斯坦小时候是被所有人公认的一个小笨蛋，笨到同学们见到他就议论纷纷，笨到老师也觉得他无可救药了。可是呢，爱因斯坦却具有常人所没有的意志力，那就是“勤奋”！在手工课上，别的小朋友都交了一个个精美的手工作品，可他却交了一个工艺粗糙的的小木凳子，大家都笑话他。老师

也讽刺他："我看没有比这个更糟糕的东西了！"可是爱因斯坦却拿出了两个比这个更加糟糕的小凳子，这时，老师和同学们惊呆了，也由此改变了对他的看法。这是爱因斯坦的成长过程中一次小小的勤奋，他的收获是得到了同学和老师对他新的看法；长大后的他更是异常勤奋，一天二十四小时的大部分时间，他都是在实验室度过的。别人学习时，他在学习；别人玩耍时，他还在学习，甚至别人休息时，他依然在不停地学习、钻研。经过多年的努力，爱因斯坦最终以"相对论"而闻名于世。

"勤能补拙"这句话用在爱因斯坦身上再合适不过了。爱因斯坦之所以能取得伟大的成就，主要就是因为他的勤奋，是因为他符合时代的要求，不断探索，敢于创新。

综观古今中外，曾涌现出无数个令人敬佩的有名人士，他们并非一生下来就掌握某种本领或拥有异于常人的智慧，但是最终，他们却都得到了人生的馈赠，之所以那些名人会如此幸运，并不是因为上天的眷顾，而是因为是他们有一种难能可贵的精神，那就是真正的勤奋。

同时，科学也曾经向我们表明：勤奋可以反复地刺激人类的脑细胞，并通过这种频繁的刺激把获取的信息储存起来，以便在需要的时候可以及时地提取出来，而且勤奋还可以提高头脑的灵活性，使人变得更加聪慧灵敏。一些天资较差、智力较低的人，可以通过勤奋和努力化拙为巧、变拙为灵。

除了科学方面的证实以外，生活中能表现"勤能补拙"的例子更是数不胜数。曾经有人说过：天才是百分之九十九的汗水加上百分之一的灵感。再来回忆一下，中国著名戏曲表演艺术家梅兰芳曾经说过：我是个笨拙的学艺者，没有充分的天才，全凭自己的奋力苦学。

梅兰芳年轻的时候去拜师学戏，师傅说他长着一双死鱼眼睛，灰暗、呆滞，根本不是学戏的料，不肯收留他。然而，天资欠缺不但没有使梅兰芳灰心、气馁，反而促使他变得更加勤奋了。他喂鸽子，每天仰望着天空，双眼紧跟着飞翔的鸽子，穷追不舍；他养金鱼，每天俯视水底，双眼紧跟着水里游的金鱼，寻踪觅影。经过多年的不懈努力，梅兰芳的眼睛终于变得如一汪清澈

的秋水，闪闪生辉，脉脉含情。

当然，生活中，并非只有名人的事例才能表现“勤能补拙是良训”这句话所蕴含的道理。年轻人，如果你试着观察一下自己身边的一些人，就会发现他们和那些名人一样，同样具有勤奋的精神。多少次，当你沉浸在游戏的快乐中时，他们却在默默的努力着；多少次，当你和朋友闲聊时，他们却在静静地思考着；多少次……也许他们的天资并不如你，但是往往到了最后，成功者的头衔属于他们。

要想知道一个人的成就有多大，不光要看他获得的荣誉和知名度，而要着重了解他在成功之前究竟流过了多少汗、克服了多少困难、花费了多少心血。准确地说就是看他到底有多勤奋。要知道，曾经有过失败的人或许是勤奋的，但最终获得成功的人绝不是懒惰的！

人生的意义在于修炼灵魂

俗话说，人无完人，每个人都或多或少有些不足，也总是会有很多不如意。比如，外貌不够完美、思维愚钝、能力不足、生活困顿等，这些是不可避免的，但也是不足为重的，因为人生的意义并不在于这些身外之物，而在于灵魂的修炼。

正如稻盛和夫所说，不少世间少有的英才，由于没有崇高的精神而误入歧途。“在我所安身立命的商业世界中，也有人一切以自我为中心、只要自己赚钱就行，最终成为某种商业丑闻的主角。”

从稻盛和夫的这段话中，年轻人，你应当有所领悟，人生活着的意义就是为了比昨天进步，就是为了让自己的精神世界富足。诚然，有理想、有抱负的你可能对现今的生活状况不满足，对自己的外在条件不满意，但对于这些生命中无法带走的东西，又何必太过较真呢？

英国戏剧大师莎士比亚的成才故事，总是为我们后人所津津乐道。他自幼家境贫困，却非常刻苦勤奋，他不畏世俗和现实的压迫，执著地用他现实的笔伐写出了《哈姆雷特》、《罗密欧与朱丽叶》等不朽的戏剧大作。后人称赞他的剧作为“不属于一个时代，而属于所有的世纪”。而我们还认为莎士比亚的作品是属于全人类的。

我们从戏剧大师莎士比亚的故事里，理解到：一个人，只有做到孜孜不倦地修炼自己的灵魂，才能产生巨大的价值。和莎士比亚的成才故事一样，许多影响世界文明进程的名人，他们对真理的追求、对人类的贡献的故事总是能给我们后人带来很多的思考和启迪，孔子就是这样一个人。

孔子学识渊博，又擅长传道、授业、解惑。在群雄逐鹿中原、都想问鼎天下的时代，孔子并没有和大部分人一样投身到种种战火中，而是致力于宣扬“仁义道德”、推行仁政，孔子教学有方，以德育人，而他的一生，都是疏于赚钱或不屑赚钱的，结果一生没什么积蓄，儿子又不幸早死，孔子晚年孤苦无依，以致到了揭不开锅的地步了，只能靠弟子接济。

时至今日，孔子留给我们最典型的印象还是：他带着几个弟子，为其传道、授业、解惑。即使他穷困潦倒一生，依然无怨无悔。

除此之外，修炼灵魂、追求精神世界的富足，还能帮助我们弥补很多外在缺憾。

诸葛亮的丑妻就是一个见识广阔，能从容应对一切的女人。

诸葛亮一生行事谨慎，稳扎稳打，他毅然决然地娶了个丑媳妇，不但使他一生无后顾之忧，更使他在事业发展上获得了一个强有力的支柱，更重要的是他一生一世都沉湎在照顾中，夫妻情感的亲密，非局外人可知。

诸葛亮六出祁山，威震中原，发明了一种新的运输工具，叫“木牛流马”，解决了几十万大军的粮草运输问题，又发明“连弩”这种新式武器，出敌致胜，魏国大将张颌就死在这种武器之下，实际上这些都是他妻子教的。据范成大《桂海虞衡志》记载：“汝南入相传，诸葛亮居隆中时，友人毕至，有喜食米者，有喜食面者。顷之，饭、面俱备，客怪其速，潜往厨间窥之，见数木人椿

米，一木驴运磨如飞，孔明遂拜其妻，求传是术，后变其制为木牛流马。”

此外，诸葛亮五月渡沪，深入南中，七擒孟获，为避瘴气而发明的“诸葛行军散”，“卧龙丹”也是丑妻教给他的。

的确，诸葛孔明一世英明，蜀国未建，但家庭生活幸福，取决于其丑妻。一个女人的魅力很大一部分取决于她的内涵，容颜易老，但唯有知识常在，懂得多自然能应对一切。

这里，她完善自己的方式是读书，因为读书可以获取知识，增强才干；可以愉悦自己的身心，陶冶情操。一个爱读书的人必然有着与众不同的气质，这种气质能吸引周围的人，外貌上的不足也就顷刻间荡然无存了。我们再来看看科学巨人霍金的故事。

史蒂芬·霍金，1942 年 1 月 8 日出生于英国牛津，这是一个特殊的日子，而现代科学的奠基人伽利略正是逝世于300 年前的同一天。霍金年轻时就身患绝症，然而他坚持不懈，战胜了病痛的折磨，成了当时举世瞩目的科学家。

霍金在牛津大学毕业后即到剑桥大学读研究生，这时他被诊断患了“卢伽雷病”，不久，就完全瘫痪了。1985 年，霍金又因为身患肺炎进行了穿气管手术，此后，他完全不能说话，依靠安装在轮椅上的一个小型的对话机和语言合成器和人们进行交谈；看书必须依赖一种翻书页的机器，读文献的时后则需要请人把每一页都摊在大桌子上，然后他驱动轮椅，有如蚕吃桑叶般地逐页阅读。

霍金在剑桥大学任牛顿曾担任过的卢卡逊数学讲座教授之职，他的黑洞蒸发理论和量子宇宙论不仅震动了自然科学界，并且对哲学和宗教也有着深远的影响。霍金还在 1988 年 4 月出版了《时间简史》，目前已经被译成 33 种文字，发行了 550 万册，如今在西方，自称受过教育的人如果没有读过这本书，就会被人看不起。

霍金正是因为不为病痛的折磨而放弃了对学习的渴望，正是在这种一般人难以置信的艰难中，成为世界公认的引力物理科学巨人。

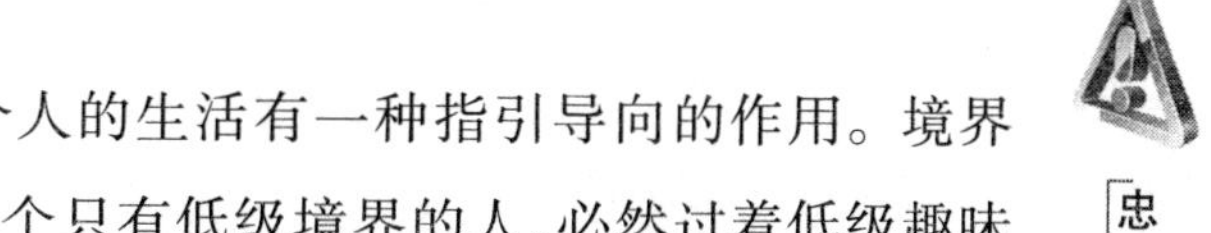

曾经有学者认为，境界对一个人的生活有一种指引导向的作用。境界指引着每一个人的生活和实践，一个只有低级境界的人，必然过着低级趣味的生活；一个有着诗意境界的人，则过着诗意的生活。可能这样的境界，大抵只有读书才能获得！

“读书决定着一个人的修养和境界，关系着一个国家的前途和命运。一个不读书的人是没有希望的，一个不读书的民族也是没有希望的。”任何一个年轻人，都应该记住这句话，不仅要多读书，还要多学习，读书既是一种爱好，更是工作需要。有些人可能对这种说法不理解，甚至一提到读书学习，有些人也总是以工作忙为借口，不愿读书，不想学习。结果由于平时不爱读书，不注重知识的积累，落得腹中空空，孤陋寡闻；说起话来，空话连篇；办起事来目光短浅。这既无益于个人，也无益于工作。所以说，读书既是一种爱好，更是工作需要。

从一定意义上说，同时，学习力决定创造力，创造力决定竞争力，竞争力决定命运。不学习，就会落伍，就会被淘汰，就不能生存发展。所以，我们要想增加自身的竞争力，更好地谋求发展，就应该多读书，多学习。

因此，年轻人，无论你的现状如何，你都要通过不断地学习来修炼自己的灵魂，只有不断地学习才能俯仰天地、洞晓人生，提升你的精神境界；才能察时知变、奋发进取。你要知道，精神世界的富足才是真正的财富！

改变“思维方式”，人生就会转变

曾经有位名人说：“在观察认识事物时，如果只有一个视角，这个视角是最容易把人引入歧途。如果我们能产生不寻常的视角，用这个视角去观察寻常的事物，就使得事物显示出某些不寻常的性质。不寻常的视角观察到的事物虽然与别人一样，但构思出的结果却与别人不同。”其实，这里的视角，不仅仅是一种视角，更是一种思维方式。生活中，有些事情看似不可思议，看似复杂难解，但只要我们换一个思考问题的角度，跳出习惯的思维框框，就会得出异乎寻常的答案。正如稻盛和夫所言："改变'思维方式'，人生就会实现180度大转变。"

现代社会的年轻人们，一般思维都比较活跃，在生活中，你也要培养自己多角度看问题的能力。对于一个问题，找出的答案越多越好。在人生的旅途上，不仅需要信心、激情和坚韧，还需要清醒的头脑，需要理智地经营。跌倒的时候，先别急着爬起来，不妨看看是什么绊住了自己。只有找到摔倒的缘由，才能不再重蹈覆辙，避免更大的失败。

为此，稻盛和夫曾坦言自己的一段"耻辱的历史"：那时，他刚大学毕业，因为没有关系而参加了很多招聘考试，结果都不合格，就业一直定不下来。于是，那时，他甚至产生了破罐子破摔的念头——索性当一个"知识恶棍"，与其生活在弱肉强食的不合理的社会中，还不如在人情事理厚道的黑社会里厮混——遭遇挫折打击时自己这样想。

后来，稻盛和夫回忆，若那时真的选择了那条错误的道路，草草发迹，也许已经成为一个小集团的头目。但是，在那个世界中不管如何进步，根本的思维方式是消极的、歪曲的、邪恶的，因此，绝对不会幸福而且也不会度过一个丰富的人生。

那么，年轻人，你也应该让自己拥有一个积极的思维方式。"积极方向"的思维方式是什么呢？没必要艰难地思考，简单地认为"凡事往好的方面着想"就可以。稻盛和夫指出，总是积极向前的、建设性的；有一颗感恩的心，具备和大家一起行动的协调性；乐观的接受；充满善意、有理想、态度温和；不惜努力；知足、不自私、没有强大的欲望等，这些都是积极性的思维方式。

的确，一个人，在人生的各个阶段，难免会遇到各种不如意的事，而且并不是所有的问题都有好的解决方法，可是人们选择不同的方法解决这些事，就会得到不同的结果，这就是思路不同带来的。天无绝人之路。真正聪明的人会充分开动大脑，顺着好的思维方式，走向成功的快捷之路。

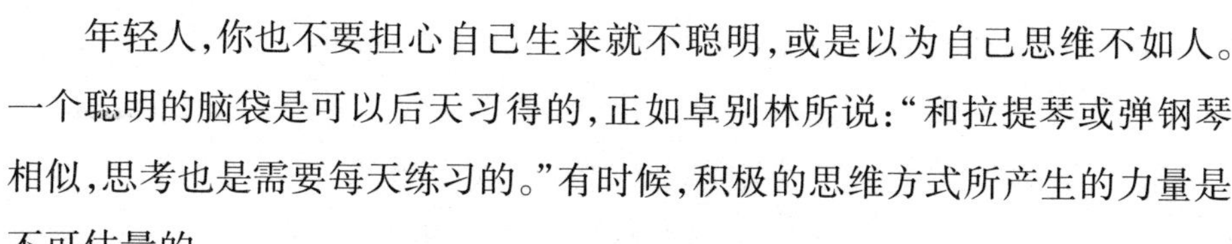

年轻人，你也不要担心自己生来就不聪明，或是以为自己思维不如人。一个聪明的脑袋是可以后天习得的，正如卓别林所说："和拉提琴或弹钢琴相似，思考也是需要每天练习的。"有时候，积极的思维方式所产生的力量是不可估量的。

在美国乡村，有个老头和他的儿子相依为命。

一天，一个人找到老头说要将他的儿子带去城里工作，老人愤怒地拒绝了这个人的要求。这个人又说："如果你答应我带他走，我就能让洛克菲勒的女儿成为你的儿媳，你看怎么样？"老头想了又想，终于被儿子能当"洛克菲勒的女婿"这件事情说动了。这个人精心打扮后，找到了美国首富、石油大王洛克菲勒，对他说："尊敬的洛克菲勒先生，我想给你的女儿找个对象。"洛克菲勒说："快滚出去吧！"这个人又说："如果我给你女儿找的对象是世界银行的副总裁呢？"于是洛克菲勒就同意了。最后，这个人找到了世界银行总裁，对他说："尊敬的总裁先生，你应该马上任命一个副总裁！"总裁先生摇着头说："不可能，这里这么多副总裁，我为什么还要任命一个副总裁呢，而且必须马上？"这个人说："如果你任命的这个副总裁是洛克菲勒的女婿呢？"总裁立刻答应了。

在这个人的努力下，那个乡下小子不但娶了洛克菲勒的女儿，也成为了世界银行的副总裁。

这是一个财富故事，苏格拉底说过，真正高明的人就是能够借助别人的智慧，来使自己不受蒙蔽。那个乡下小子之所以能成为世界银行的总裁，还能娶到克洛菲勒的女儿，就是因为他的思维方式起了作用，让他一下子由一个穷苦的乡下人摇身一变成为众人羡慕的贵族。这个财富故事说明一个道理：抱怨难以推动别人改进工作，放飞自己的智慧才能走向成功。因此，充分调动你的智慧、开发你的头脑吧，你就能做到出人意料，轻松地得到对方的认可，进而达到你的目的。

同样，在心境上，你也可以尝试换个角度看待现状。生活中，谁都会遇到这样或那样的不如意，换个角度看待，很快就能调整好心态，这样，看到的不仅是希望,收获的更会是快乐。一位伟人曾说过:“要么你去驾驭生命,要么生命驾驭你,你的心态决定了谁是坐骑,谁是骑师。”人活一世,一定要将自己定位在骑师的位置,遇到艰难与挫折时,换个角度,以一个良好的心态待人处事,可以把生命的舞台演绎得更加精彩。因为世间许多事就如同硬币,有正反两面。当我们抛到自己不喜欢的一面时,不妨静下心来,告诉自己:再试试吧,也许你就能找到自己喜欢的那一面了。上帝给予每个人眼睛,但并不给予你方法,如果想通过生活的考验,不妨换个角度试试!换个角度看问题,会使你多一些智气,少一些鲁莽。拥有它,会使你的生活多一些顺畅,少一些坎坷。学会它,你会受益终生。

每个人都希望自己做事能有一个好的角度,从而把事情做得尽善尽美。好的角度当然是从思维而来。只有运用头脑,积极思考,转换思路,不断寻思出新的做事方法,你才能够发现、创造更多的机会,实现自己的目标,改变自己的生活,而要真正做到转换思维,你需要从日常生活中加以锻炼,比如,在生活中看见某种现象,你不妨问问自己为什么会是这样,而不是那样?喜欢推究想象事情的前因后果是一种爱好,也是提高全面看问题的能力的好方法,用不间断的思考来丰富自己,加深自己的生活阅历。在工作和学习上,对任何事情都要带着疑问,尽量满足自己的好奇心。

除此之外,你还要锻炼自己分析问题的能力,我们对一件事物的思考过程,实际上就是我们的认知从现象到本质、从感性到理性、从具象到抽象的过程。思考其实就是一个分析的过程。由于思考,我们才能够认识事物内部、事物与事物之间的联系。在思考的过程中,你要学会对照比较、归纳概括、融会贯通、举一反三等。

“智慧宝库”释放无限睿智

在现实生活中,我们不难看到一种奇怪的现象:很多公司,老板是低学

历者，而手下打工者，不乏硕士、博士。实际上，在现今这种开放的社会环境下，这种现象已经不足为奇了，我们并不是说这是一种必然，但从一个侧面可以看到，那些头脑灵活、拥有思想的人在这个社会更有打拼的出路。

一位心理学家称，每个人都容易羡慕别人，因为在比较中，你总会发现比你优越的人。很多人不禁感叹，自己何时能赶上别人，能房买车，能一夜暴富？世界著名的成功学大师拿破仑·希尔著有《思考致富》一书，在书中，他提出是"思考"致富，而不是"努力工作"致富。希尔强调，最努力工作的人最终绝不会富有。如果你想变富，你需要"思考"，独立思考而不是盲从他人。同时，如果你想成功，你更需要思考，思考代表一种智慧。

关于这一点，稻盛和夫认为，在这个世界上、在整个宇宙中的某个地方有一个应该称作"智慧宝库"（真理宝藏）的地方。在无意间，我们将宝藏中储存的"智慧"作为自己的新思路、灵感、或者创造力，反复加以挖掘和吸收。

有这样一件关于查理斯·艾略特的轶事。

1870年，在查理斯·艾略特出任哈佛大学校长时，他找到当时著名的史学家亨利·亚当斯，想聘请他出任中世纪历史的教授。起初，艾略特不管怎样苦苦劝说，亨利·亚当斯都没有任何表示，后来，亨利·亚当斯谦虚地说："校长先生，我真的一点儿都不懂中世纪的历史。"听到他的回答，艾略特校长则客气地说："如果你能够为我举荐出一位学者比你懂得更多，那我就聘请他。"结果亚当斯只好接受了聘请。

艾略特以自己灵活机智的思维展现了哈佛校长的个人魅力，同时也告诉哈佛学子，将思维转个弯，很多事情都迎刃而解。

的确，根据稻盛和夫所言，我们发现，那些伟大的先人们之所以能有如此丰功伟绩，应该就是这样从"智慧宝库"中获取智慧、技能并把它转化为创造力的源泉，使得制造业获得进步，人类文明得以发展的。

那么，如何才能打开宝藏之门获取智慧呢？毫无疑问是不断地拼搏和努力，不断地倾注热情。也就是说，年轻人，如果你想得到收获，就要为此付出艰巨的努力，只有这样神灵才会给你一把照亮前途的火炬，授予你一束

“智慧宝库”的光明。

宝剑锋从磨砺出，梅花香自苦寒来。自古以来学有建树的人，都离不开一个“苦”字。

京剧大师梅兰芳初学戏时与那个时代学戏的孩子一样，曲不离口拳不离手，夏练三伏冬练三九。

那段日子，他的生活极为刻板单调，天明即起出城吊嗓，然后练身段、学唱腔、念本子。练跷功时，他踩着跷站在一张长板凳上的一块长方砖上，一站便是一炷香的时间，直站得汗如雨下眼泪汪汪。寒冬腊月里他踩着跷在冰面上跑圆场，常常被摔得鼻青脸肿。拿大顶时，他得忍受着头晕、呕吐等不良反应，有时竟昏倒在排练场。由此他对所谓“台上一分钟，台下十年功”有了深切的体会。

14岁的他正式搭班“喜连成”班参加演出。每晚演出之后，他并不急着回家，而始终在胡琴座的后面目不转睛地细看每一个人的表演，无论是角儿的戏，还是一般演员的戏。每看完一出戏，他都会在心里默评优势和粗劣，然后扬长避短，去粗取精，为己所用。

如此长期观戏、评戏和实践，不仅使他的演技逐日提高，同时也造就了他日后从善如流的处事态度。

什么使梅兰芳成为一代京剧宗师？是他的热情，是他的刻苦！这些都是他的智慧宝库！

唯一蝉联三次世界冠军的天才教练蓝柏第有一次说：“任何一位顶天立地、有作为的人，不管怎样，最后他的内心一定会感谢刻苦的工作与训练，他一定会衷心向往训练的机会。”

德国大作家歌德说过：“人们在那里高谈阔论着天气和灵感之类的东西，我却像打金锁链那样苦心劳动着，把一个个小环节非常合适地连接起来。”要想取得成就，就要努力刻苦，不轻抛时间！

刻苦使一个人更充实、更崇高，它不仅仅帮助你获取工作、积累财富，而真正影响的是一个人的内在。帮助你开发自己的能力，更好地利用自己的

潜能，成为一个真正的胜利者。

张德培是历史上最年轻的网球男单冠军，当年，这个不满 20 岁的黄皮肤小伙子在巴黎成为法国网球公开赛男单冠军的时候，整个球场为之沸腾了，他也成为第一个在这里获得冠军的华裔选手。在其后 16 年的网球生涯里，他一共赢得 34 个冠军和近两千万美元奖金，并在 1996 年年终的 ATP 男单总排名榜上名列第 2 位。

其实，张德培的身体条件并不适合网球运动。他 1.75 米的个头，即便放到女选手中也只算是中等，再加上亚洲人先天性的力量不足，使他在高手如林的男子网坛显得十分单薄。

体格的缺陷迫使他必须要用速度和坚韧弥补弱势，这没有捷径，只能依靠超过常人的刻苦训练。

于是，日复一日，年复一年，人们看到这名黄皮肤的小伙子从来不给自己放假。当桑普拉斯躺在希腊海滩上晒太阳时，当阿加西赴拉斯维加斯观看拳击比赛时，张德培都是在球场上训练。

训练的过程是极其艰辛的，但他坚持了下来！在此后的十余年里，张德培凭借灵活的步法和不懈的跑动，运用娴熟的底线技术与对手周旋，一有机会就击出大角度的回球置对手于死地，在男子网坛杀出了一片属于自己的天地。

很多人都渴望成功，都渴望自己能变得睿智起来，但智慧与成功都不是上天恩赐，而是努力所得。如果希望一劳永逸，浅尝辄止，则很可能一事无成。看似紧锣密鼓的工作挑战、永不停歇的环境压力，就在不知不觉间培养了今日的诸般能力。

因此，根据稻盛和夫的话，年轻的你应该得到启示，人的潜力无穷，能否最大限度地挖掘这些潜能，关键在于是否善于强迫自己、经营自己。希望成功必须加倍努力。只有不懈努力，才会有丰厚的收获。成功人士有一点是相同的，那就是他们比别人更努力。

世界上没有一件有价值的东西可以不通过辛勤劳动而获得。不吝惜自

己汗水的人,也必将会有丰厚的收获。一个成功者的成功之处就在于他总是比别人多付出一些,比别人多向前迈进一步。

总之,每一个年轻人都应该更加踏实地学习、积累知识与能力,因为在竞争面前,只有提升自己,才是最有利的武器。正所谓,先付出才杰出。才以学为本,学而为智者;不学而为愚者。想练就非凡的技艺,就要多学习、多吃苦、多研究。追求卓越,没人能完全松懈,像上紧发条的时钟一样。日日行,不怕千万里;常常做,不怕千万事。

13 拥抱当下：认真过好每一天

“认真过好每一天”，这看似简单，其实却是人生最重要的原则之一。——稻盛和夫

什么是幸福？可能很多年轻人都会对此发出疑问，哈佛幸福课教授本·沙哈尔说：“一个幸福的人，必须有一个明确的、可以带来快乐和意义的目标，然后努力地去追求。真正快乐的人，会在自己觉得有意义的生活方式里，享受它的点点滴滴。”稻盛和夫说：“认真过好每一天”，的确，人生苦短，要想把握住幸福，那么就要活在当下，珍惜每一天，享受工作，享受学习，享受生活，认真去享受当下的每一分快乐。

认真过好每一天，认真做好每一份工作

任何一个意气风发的年轻人，对于自己的未来都满怀信心，并树立了伟大的理想。理想能指导行动，让你的努力都有一个明晰的主线，而一些年轻人，对于理想的憧憬却似乎过了头。如果你每天都在展望自己的未来而不踏实工作、生活的话，那么，只能让心智沉浸其中，只会陷入人生的陷阱。

有首古诗说得好，“明日复明日，明日何其多，我生待明日，万事成蹉跎”。任何一个年轻人，都应该把眼光着眼于当下，只有把每一天过得实在有意义，把每一天的学习、工作任务及时完成了，才能在每一天悄悄地成长，慢慢地长大。当你回过头来的时候，你会惊讶地发现，原来自己的每一天过得是这样的充实，你会为自己而感到骄傲和自豪。

对此，稻盛和夫曾说过：“洋溢着满腔的热情、努力认真地过好现在每一分钟。埋头苦干眼前的工作，心无杂念地充实地度过每一个瞬间，这样就能通向开辟美好未来的道路。”

的确，今天不过去，明天就不会来到，再伟大的理想，如果没有一天一天的累积，也会倾塌。在生活中，输得最惨的往往是些聪明人而不是笨人。原因就在于笨人知道自己不够聪明，只能靠苦干、实干才能创造好的生活，最终他们如愿以偿了。而聪明人做事时则不肯下力气，总想着要小聪明，投机取巧，所以往往输得很惨，所以智慧和实干比起来，实干更加不可或缺。

约翰·霍普金斯学院的创始人威廉斯勒曾经是英国医学院的一名学生，他的成功来自于他老师的一句话的启迪。

那还是1871年的春天的事情，那时候，威廉斯勒正处在心情烦躁之中，

因为他不知道如何处理远大的理想和具体的身边小事之间的关系，也不知道自己该如何做事才能成功，于是，他去请教他的老师，老师告诉他："最重要的，就是不要去看远方模糊的，而要做手边最具体的事情。"他这才恍然大悟：是啊，不论多么远大的理想，都需要一步步实现啊；不论多么浩大的工程，都需要一砖一瓦垒起来啊。

也就是从那一天开始，威廉斯勒开始埋头读书，两年以后，威廉斯勒以全校最优异的成绩毕业。毕业后来到一家医院做医生。他认真对待每一个患者，对每一次出诊都一丝不苟。兢兢业业的态度和精益求精的精神，使他很快成了当地的名医。几年以后，他创办了约翰·霍普金斯学院。他把自己的人生态度贯彻到每一个细节里。许多专家学者慕名来到他的学院工作，使他的学院很快成为英国乃至世界最知名的医学院。威廉斯勒总是告诉他身边的人：最重要的是把你手边的事情做好，这就足够了。

威廉斯勒为什么能成功？因为他从他的老师的话中悟出，一个人，只有踏实努力、努力充实过好每一天，把自己的人生态度贯彻到每一个细节中，由量的积累达到质的飞跃，才能将理想化为现实。

很多时候，美好的憧憬总会若隐若现地给人以幻觉，让他们觉得自己离它很近，只要完成几小步的跨越就可以到达。但其实不然，现实的境地不并因为你的想象而变得容易。

不重视眼前的事情，身处"这山望着那山高"的境地时，那表示他忘记了理想必须扎根在现实的土壤上，结果只能被理想和现实同时抛弃。你在人生的过程中会看到许多山峰，但你不可能翻越每一座山峰，得到所有美好的东西。命运对任何人都是公平的，当你为没有得到而苦恼时，还是仔细想一下自己将会失去什么吧！

着眼于眼前，就需要年轻人重视当下工作中的每一件小事、每一个细节，事情天天在做，但离真正把事情做好、做到位却还有一段距离。小事做不了，何以成大事？在诸多工作中出现的问题，恰恰是这些细节、小事的不到位，思想上的一点点马虎，执行上的一点点疏忽大意，而导致结果上出现

很大的差异。有的工作已经做好一大半，有的甚至做到了99%，就差1%，但就是这点细微的区别使他们在事业上很难取得突破和成功。

国内某企业老总曾回忆到："在我手下工作的一个工程师很负责任，曾经有一次，他为了拍好项目的全景，他徒步走了两公里，爬到一座山顶去拍，将很多景观拍得都很到位，其实在楼上就可以拍到的。当时我问他为什么要这么辛苦，他的回答是，'回去董事会成员会向我提问，我要把这整个项目的情况，尽可能完整地告诉他们才算完成任务，不然就是工作没做到位。'"

的确，无论还是做事，只有做到100%才算是合格，那怕是99%，也是打了折扣的。我们每个人都要秉承着这样的信条："我要做的事情，不会让任何人操心。任何事情，只有做到100%才是合格，99分都是不合格，60分就是次品、半次品。"很简单的一个道理，就拿一壶水为例，烧到99℃，就是温开水，而不能产生巨大的能力，而若再加一把火，水就会沸腾，并产生大量水蒸气，而产生巨大的动力开动机器。

因此，要想把事情做到最好，自己心目中必须要有一个很高的标准和严格的要求。

生命中的大事皆由小事累积而成，没有小事的累积，也就成就不了大事。只有了解了这一点，我们才会开始关注那些以往认为无关紧要的小事，开始培养自己做事一丝不苟的美德，养成做事不打折扣、不留尾巴的习惯，养成做事少出差错甚至不出差错的习惯。

作为走向社会不久的年轻人，让自己沉下心来进入角色是非常重要的，越早进入就意味着越早地步入事业的轨道。每天都让自己成熟一些，浮躁之气自然会少下来。

一位父亲告诫他的孩子说：

"无论你以后做什么样的工作，都要做到一丝不苟、认认真真、全力以赴。要是你能做到这一点，你就不必担忧自己没有好前途。你看这世界上，到处都是散漫、粗心的人，做事善始善终的人是供不应求、深受欢迎的，只有

认认真真做事的人才是未来竞争的成功者。”

这位父亲的话是有道理的，一个人的成功并不在于他在做什么，而在于他有没有做到最好、做到位。成功者之所以成功，就是因为他们具备一个品质，专注于一件事并追求极致。因此，我们在学习、生活和工作中应该以更高的标准要求自己，能做到更好，就必须做到更好，能完成百分之百，就绝不只做百分之九十九。

当然，做好每一件事、过好每一天，并不是要求年轻人做一个工作狂，相反，在努力工作的同时，我们依然要懂得享受每一天美好的生活。享受生活归根结底是一种心境。享受的关键在于寻找快乐的人生，而快乐并不在于其拥有多少、获得多少，生活质量如何，而是在于其怎样看待周围的人和事情，怎样让自己的有一颗接纳一切快乐事物的心。

总之，年轻人们，动用你的全部智能，把自己的工作做得比别人更完美、更快捷、更准确、更专注、更出色，你就能引起他人的关注，你就能赢得他人的尊重，你就能实现你心中的愿望，你就能成就你远大的理想。

“热爱”是点燃“激情”的火把

现实生活中，任何一个年轻人，都怀揣梦想，希望可以大展拳脚，但现实的状况可能是，面对他们每天都必须做的重复的工作，他们已经失去热情，甚至开始抱怨，却拒绝作出改变。如果你问他们，为什么不干脆辞职，或者要求调任，或者做点什么来改变这种局面的话，她们总是有各种各样的借口：我还要还贷款；我的家人不允许我这么做；我对这份工作已经习惯了；也许没有更好的地方了；我的工资很高，我舍不得放弃这份高薪工作；我没有其他方面的技能；我只会做这个等。而这些，都是对工作不热爱的表现，以这样的状态，你会发现，工作是枯燥的，工作效率也是低下的。事实上，无论

你从事哪行，热情都是你成功的动力。蒂夫·鲍尔默说："我想让所有的人和我一起分享我对我们的产品与服务的激情，我想让所有的员工分享我对微软的激情。"卡耐基说："除非喜欢自己所做的工作，否则永远无法成功。"

成功始于源源不断的工作热忱，你必须热爱你的工作。热爱你的工作，你才会珍惜你的时间，把握每一个机会，调动所有的力量去争取出类拔萃的成绩。为此，稻盛和夫经常对他的员工说："不燃烧的人不必留在公司。希望你们成为自我燃烧的自燃人。至少是当靠近燃烧的时能一起燃烧起来。"他曾经这样写道："长期从事一项工作需要强大的能量，并做到不断自我激励，要做到自我激励，就需要我们热爱本职工作，热爱是前提。无论你从事什么，只要全力以赴，就能有所收获，有了成就感，就有自信心，也就自然有了向下一个目标努力的积极性。在这个过程的反复中你会更加热爱工作。这样，无论怎样的努力，都不会觉得艰苦，最终能够取得优秀的成果。"

可见，对于工作，"热爱"才是最大的动机，只要热爱，才会产生意愿、努力、成功。年轻人，从现在起，如果你开始热爱你的工作吧，那么，你会自然而然地产生积极性、作出努力，就能在最短时间内进步。在别人看来是千辛万苦，而本人非但不认为苦甚至当做乐趣。

可能你会说，你是在为别人打工，再怎么热爱也不会成功，实际上，每个成功者都经历过打工的过程，但对工作的不同态度造就了不同的结果。如果你能抱着以学习经验的态度对待现在的工作，那么，工作所能带给你的，要远比工资带给你的多得多。因为每一项工作中都包含着许多个人成长的机会。而那些因为薪水低而对工作敷衍塞责、当一天和尚撞一天钟的人，固然对公司、老板是一种损害，但长此以往，无异于降低自己的价值，使自己的生命枯萎，将自己的希望断送，使自己维持在一种低档次的生活水平上，过着一种庸庸碌碌、牢骚不断的生活，并因此而埋没了自己的才能，湮没了生命应该有的那种创造力。

所以，对一个想要成就一番事业的人来说，老板支付给你的只是薪水，但你一定要在工作中，赋予工作以更多的价值，你要在工作中支付给自己更多的东西。

在年轻人梦寐以求的微软公司，曾有一个临时清洁女工升职成正式职工的故事：

她是办公楼里临时雇佣的清洁女工，在整个办公大楼里，有好几百名雇员，但她的工资最低、学历最低甚至几乎没有什么学历、工作量最大，而她却是最快乐的人！

每一天，她来得最早，然后面带微笑，开始工作，对任何人的要求，哪怕不是自己工作范围之内的，也都愉快并努力地跑去帮忙。周围的同事都被她感染了，有很多人成了她的好朋友，甚至包括那些被大家公认为冷漠的人，没有人在意她的工作性质和地位。她的热情就像一团火焰，慢慢地整个办公楼都在她的影响下快乐了起来。

盖茨很惊异，就忍不住问她："能否告诉我，是什么让您如此开心地面对每一天呢?""因为我热爱这份工作!"女清洁工自豪地说，"我没有什么知识，我很感激企业能给我这份工作，可以让我有不菲的收入，足够支持我的女儿读完大学。而我对这美好现实唯一可以回报的，就是尽一切可能把工作做好，一想到这些，我就非常开心。"

盖茨被女清洁工那种热爱工作的态度深深地打动了："那么，您有没有兴趣成为我们当中正式的一员呢？我想你是微软最需要的。""当然，那可是我最大的梦想啊!"女清洁工睁大眼睛说道。

此后，她开始用工作的闲暇时间学习计算机知识，而企业里的任何人都乐意帮助她，几个月以后，她真的成了微软的一名正式雇员。

生活中的年轻人，也应该和这位女工一样热爱工作，把工作当成一门学问去研究，当成事业奋斗的理想目标，并努力向上攀登。每一份平凡的工作都是你获取新知识、新经验的来源。

同时，每个公司都需要这样热爱自己工作的人，而这样的员工正是公

司所需要的。如果你为自己还是平凡岗位的一员而抱怨的话，请调整自己对工作的态度，如果你从现在开始热爱你的工作，不论多平凡的岗位，你也会有不俗的成绩。热爱自己岗位做个快乐工作的人吧。

如果你投入百分之百的热情、努力工作，那么，你就会发现，你的工作能力会逐步提高，你会为此兴奋，同时，你努力工作也会得到更多的物质回报——你的薪水在不知不觉间得到了提升。因为你的努力，老板都看在了眼里，你的努力也为公司带来了更好的业绩，老板就会因为你的工作态度和工作成绩而奖励你，不管这种奖励是提升薪水还是提升职务。

然而，我们不难发现，也有一些人，在工作中，他们喜欢耍小聪明，要么上班迟到、早退；要么假公济私，借着公差游山玩水，要么中饱私囊。这些人自以为得计，但他们的损失将远远大于他们的所得。这种人，也许会得逞一时，但终将失败一世，永远与成功无缘。

科学研究表明，人一旦对某活动产生了兴趣和热情，就能提高这种活动的效率。古今中外许多科学家、发明家取得伟大的成就的原因之一，就在于由浓厚的认识兴趣所产生的强烈的求知欲望。

“兴趣是最好的老师。”对人类作出杰出贡献的大科学家爱因斯坦的这句至理名言被许多教授在课堂上引用。任何一个有所作为的人，在他们的成才历程中，兴趣都对他起到了巨大的、不可替代的作用。当你热爱你的工作的时候，你的工作就不单纯的是一种劳动，而是一种娱乐。你可能因为看一部电视剧而24小时不睡觉，你可能因为一个游戏几天几夜不合眼甚至不吃饭，归根结底，那是因为你热爱，你投入。

世界上没有卑微的工作，只有卑微的心态。如果你以麻木的态度对待工作，就是亵渎了自己和自己的工作。要热爱自己的事业。这是成功的起点。在喜欢自己工作的情况下，即使做得再累，也往往不会觉得辛苦。事实上当一个人真正喜爱自己的工作时，他根本就不觉得是在工作。

“成就一番伟业的唯一途径就是热烈地爱自己的事业。如果你还没能找到让自己热爱的事业，那就继续寻找，不要放弃，跟随自己的心，总有一天你会找到的。”

因此,热爱你的工作吧！一个人所从事的工作,是他获得幸福的源泉,是他的理想所在,是他对待人生态度的体现。工作将填满你的大部分人生,人生唯一能获得真正满足的方法就是——做你相信是伟大的工作,而伟大的工作是你所热爱的事业。我们可以从工作中释放自己的热情、释放自己的能量、释放自己的智慧,来获取一份快乐,一份成功!

当喜则喜,保持率真的心态

生活中,可能每个年轻人都被告知,年轻不可气盛,要低调,要追求完美和成熟,诚然,这是年轻人应该遵循的处事原则,但这并不意味着年轻人要压抑自己的喜怒哀乐,哈佛大学一位教授曾说过:“我每次都很紧张,因为我害怕被发现一些内心的感受,但却被自己搞得很累,学生们也很累,我极力想表现自己完美的一面,争取做个“完人”,但每次都适得其反。其实,打开自己,袒露真实的人性,会唤起学生真实的人性。在学生面前做一个自然的人,反而会更受尊重。”的确,人无完人,追求完美固然是一种积极的人生态度,但如果过分追求完美,而又达不到完美,就必然会产生浮躁。过分追求完美往往不但得不偿失,反而会变得毫无完美可言。

实际上,稻盛和夫自己也是个率真的人。当他还是个研究人员的时候,每次当他做完一个实验并得出惊人的结果时,他都高兴得雀跃起来,甚至手舞足蹈。他的助手对他的这一行为很是不解,因此,只是冷眼看着他。

一次,稻盛和夫又高兴地跳起来,他看到冷静的助手,便对助手说“你也高兴高兴呀”,助手露出一副无所谓的表情瞟了他一眼,吐出一句话:“你是多么轻率的人。”“你总是为一点小小的成功就高兴得不得了。一个男人高兴得跳起来的事情,一生中可能有一二次就不错了。像你这样动不动就高

兴，只会让人觉得轻率。”

听到这话的瞬间，稻盛和夫感觉浑身上下被泼了一瓢冷水。但是，他很快恢复神态，对助手说：“你说得很对，但是，我认为取得成果时，哪怕成果再小，还是单纯、率真地高兴为好。即使多少有些轻率，但是发自肺腑的高兴、感恩之心，这是继续踏实的研究和勤恳的工作的动力。”

这就是稻盛和夫的人生指针和哲学。生活中的年轻人，也应以保持率真的心态，即使是小小的喜悦之情，也应要表达出来。这才是真实的你，真实的人生。

一天，因为单位某同事喜得贵子，小王和单位其他同事们一起前来道贺。来到同事的家，小王环顾了一下，发现同事的家布置得温暖、有情趣，尤其是悬挂着的那些花花草草，更是为整个家增添了几分情致。

正当小王观赏之时，同事说：“这几盆花草有真有假，你们看出来了吗？”

“我怎么没有看出来呢？”另外一个同事反问道。

“谁能不用手去摸，不靠近用鼻子闻，在五米以外准确地指出真假，我就送给谁一盆郁金香。”主人有些得意地说。

听到主人的话，大家都兴致勃勃地仔细观察起来。只见眼前的几个盆栽，都长得极为茂盛，看起来个个碧绿如玉，青翠欲滴。乍看之下，真是分不出真假，可是用心观察，你还是能发现其中的不同。小王偶然发现有三盆花依稀能够找到枯萎的残叶，有的叶片上还有淡淡的焦黄，显示出新陈代谢和风雨侵袭的痕迹。可是另外两盆，绿得鲜艳，红得灿烂，没有一片多余的赘叶，没有一丝杂草，更没有一根枯藤。一切都是精心设计精心制造的结果，它们显得完美无缺。看着它们，似乎这完美的东西远不如那些夹杂着残枝败叶的新绿更令人愉快。

的确，人生原本就是极为真实、简单的，且存有不可避免的缺陷，有些人对完美生活的幻想超出了生活本身，刻意装点的生活，就如那盆假花一样，虽然看起来很精致，但总会缺乏生气，缺少生命经历过的真实。如果时时都是如此的心境，事事都是如此的状态，生活的一切虽看似华丽或精细，但它

始终缺少灵魂的寄托。

的确，不完美的人生才是真实的，率真的人才具有真性情，人们大多愿意和这样的人打交道。

从心理学上来讲，虽然任何人都喜欢听好话，但没有人愿意听假话。事实证明，现实生活中，人们更愿意与那些做人做事光明磊落、真性情的人交往。而对于那些苛求完美、从不显露自己的脾气、秉性的人，人们则敬而远之。因为人们都知道，"金无足赤，人无完人"，那些"趋于完美"、"毫无瑕疵"的人虽然在为人处事上并未有多少过错，但未免显得不够真诚；他们虽然优秀，但不可爱。为此，现实生活中，与人打交道，我们一定要做到真情流露，说真话、做真事，有情绪也不要刻意压抑。我们不妨先来看看下面的职场故事：

萧红是一名广告公司职员，这家广告公司在业界享有盛誉，其实，当初萧红和众多职场新人一起挤破了脑袋进了这家公司，也并不是薪水高，而是因为她觉得自己需要磨练，需要一个地方增长自己的能力。而这家实力雄厚的公司成了她的首选。

但实际上，和任何员工一样，萧红对高薪水也是充满向往的。她知道，公司每个人的薪水都是不同的，而她是一名刚走出校门的学生，又没有工作经验，在这里的薪水自然是最低的。但萧红相信，总有一天她会一点点将自己的薪水提高，于是，她一直埋头工作着，并未显示出自己对薪水的不满。

有一天，当她正在食堂和同事们一起吃饭的时候，一个五十岁左右的老人端着饭坐在了萧红的旁边，萧红也觉得奇怪，她并没有见过这个老人。

老人主动找萧红说话："小姑娘，在这上班没多久吧，习惯吗？"

一看老人这么和蔼，萧红也不好拒绝，就聊了起来："挺好的，同事之间，也都相处的很好。只是……"

"只是什么？"老人好奇地问。

"工资太低了，都不够我一个月生活费！"萧红见是个陌生人，领导又不

在，也就脱口而出了。

“是吗？”

“是啊，不过其实也没什么，大家的标准都是一样的，我目前还没有资历拿高工资，因为在这里，都是为工作而来的，我们不能一味为工资而工作，而是为了要提升自己的能力，提升工作的质量。”萧红一口气说完了这些。

老人听完笑了笑。等老人走后，有个主管跑过来对她说，那个老人是集团的董事长，萧红觉得自己惹麻烦了，急得像热锅上的蚂蚁，但是急也没用了，只能等待“死讯”的来临。

但奇怪的是，萧红并没有收到解雇的通知，反而，第二天，经理召开了会议，公司大大小小员工都参加了，会上，萧红又看见了那个老人，老人说：“直到昨天，我才知道，原来这些年来公司的员工的薪资水准还停留在五年前，这明显是不合理的嘛，怎么一直没人跟我说？幸亏昨天有个年轻人跟我说了这些。”萧红当时很害怕，以为董事长要在会上当面批评自己，原来是夸奖自己，后来，董事长宣布大家都提升一个工资水准，就这样，萧红成了公司的大功臣。

故事中的新员工萧红可以说是歪打正着，本来在公司谈薪水是很忌讳的事，但她一番无心的话却让自己涨了工资，还成为同事眼中的“功臣”。但我们发现，虽然讲的是一些脱口而出的话，并未进行深入思考，但是却深得人心，领导听了也能欣慰地接受。

总之，年轻人，你应该明白，每个人在生活中都有自己的位置，每个人都扮演者不同的角色，在自己的世界里，我们是主角，在别人的世界里也许只是龙套。当喜则喜，活出真正的自己，坦然面对生活给予的一切，不要让苛求完美的心，使生活失去原本的真实。

劳动的喜悦是世上最大的喜悦

我们都知道,世界上的乐事很多,比如,吃喝玩乐,但这些喜悦是无法与劳动所带来的喜悦相提并论的,这是一种平凡的、朴素的、无限的喜悦,尤其是通过真正的劳动,助人、救人,把别人的喜悦当作自己的喜悦,这种喜悦才是世上最高尚的、无比的喜悦。

年轻人要知道,工作本身并没有高低贵贱之别。在职业上也没有尊卑。当你意识到自己工作的意义、拼命劳动的时候,自然会得到的快乐,是任何的东西都不能代替的。而有人认为自己所做的工作没有意思或者讨厌它,因而挑剔工作,这样的人,一辈子都不能从事那种把灵魂都付出的工作,不能享受人生的真正喜悦。

的确,可能有些年轻人会说,每当自己游玩时才能感受到快乐,的确,但那种快乐只是暂时的,劳动带来的快乐也并不是及时的,而是辛苦之后才能获得的。但也正是因为如此,这种快乐才是特别的,是其他吃喝玩乐等及时行乐的方法所不能代替的。

在稻盛和夫修行的那座寺庙里,云水僧要做从准备餐食到庭院打扫的日常所有工作。稻盛和夫认为,这些工作与打禅相同。也就是说,认真从事日常生活中的劳动和打禅在谋求精神统一之间没有本质的差异。日常生活中的劳动也是修行,专心致志于工作也能到达参悟的境界。

的确,在人生经营中,倘若劳动不能给我们带来至高无上的快乐,那么,即使你能通过其他方式获得,那么,最终留给我们的结果不过是不尽人意的缺憾。而且,专心致志于工作所带来的果实,不仅有成就感,还可以为我们奠定做人的基础,锤炼我们的人格。

对于年轻人来说,追求快乐固然没有错,但你要明白,只有踏实工作才

是真正快乐的源泉。不可否认，浮躁的现象在很多年轻人中普遍存在，具体表现在他们看不到劳动的真正价值，更做不到安心工作、心浮气躁，事情刚做到一半，就觉得前途渺茫、失去兴趣，于是半途而废，他们只能一事无成。

曾有一位教授讲过这样一位毕业生的经历：

约翰是纽约一所著名大学的毕业生，毕业这年，他暗暗下决心，一定要扎根在这个全世界人羡慕的繁华大都市并做出一番事业来。他的专业是建筑设计，本来毕业时是和一家著名的建筑设计院签了工作意向的，但由于那家设计院在外地，约翰未经考虑就决定不去。如果去了，他会受到系统的专业训练和锻炼，并将一直沿着建筑设计的路子走下去。可是一想到会几十年在一个不变的环境里工作，或许永远没有出头之日，这点让约翰彻底断了去那里工作的念头。

他在纽约找了几家建筑公司，大公司不要没有经验的刚出校门的学生，小公司约翰又看不上，无奈只好转行，到一家贸易公司做市场。一段时间后，由于业绩得不到提高，身心疲惫的约翰对工作产生了厌倦情绪。但心高气傲的他觉得如果自己单干肯定会更好，于是他联系了几个朋友一起做建材生意。本以为自己是“专业人士”，做建材生意有优势，可是建筑设计与建材销售毕竟是两码事。不到一年，生意亏本了，朋友们也因利益关系闹得不欢而散。

无奈之下的约翰只好再换工作，挣钱还债。由于对工作环境不满意，几年下来，他又先后换了几次工作，约翰对前途彻底失去了信心。现在专业知识已忘得差不多了，由于没有实践经验，再想做几乎是不可能了。约翰虽然工作经验丰富，跨了好几个行业，可是没有一段经历能称得上成功……现实的残酷使约翰陷入很尴尬的境地，这是他当初无论如何也没想到的。

约翰为什么一事无成，因为他总是“这山望着那山高”，一切凭兴致而定，他没有意识到真正的快乐与事业的成功都来自于踏实的工作。的确，年轻人，如果你忽略了理想必须扎根在现实的土壤上的话，结果只能被理想和现实同时抛弃。你在人生的过程中会看到许多山峰,但你不可能翻越每一座山峰,得到所有美好的东西。命运对任何人都是公平的,当你为没有得到而苦恼时,还是仔细想一下自己将会失去什么吧!

“节制和劳动是人类的两个真正医生。”伟大的哲学家卢梭的这句名言对现今的年轻人仍有很好的教育意义。哲人说,即使每个年轻人都是块好铁,总得锻炼锻炼才能成钢,就是在你为生存而付出的劳动里,锻炼了一切与理想相关的东西,比如自信、尊严、才识和能力。沉重是生活的一部分,我们享受生活的欢乐,也要接纳生活的沉重,因为生命中有一些责任是你必须要承担的,你必须负重前行,脚步才不会太飘忽。

哈佛大学校长曾经来北京大学访问时,讲了一段自己的亲身经历:

有一年,这个校长心血来潮,准备过一段时间与众不同的生活,于是,他向学校请了假,然后告诉自己家人,不要问我去什么地方,我每个星期都会给家里打个电话,报个平安。

接下来,他一个人,带着简单的行李,去了美国南部的农村,开始了他所谓的与众不同的生活——农村生活。他到农场去打工,去饭店刷盘子。在田地做工时,背着老板吸支烟,或和自己的工友偷偷说几句话,都让他有一种前所未有的愉悦。最有趣的是最后他在一家餐厅找到一份刷盘子的工作,干了四个小时后,老板把他叫来,跟他结帐。老板对他说:“可怜的老头,你刷盘子太慢了,你被解雇了。”

三个月后,这个“可怜的老头”重新回到哈佛,回到自己熟悉的工作环境后,却发现,一切原本熟悉的东西顿时变得新鲜起来了,工作成为一种全新的享受。

可能对于这个哈佛校长来讲,这三个月的经历,简直就像一个调皮的孩子制作的一次恶作剧,新鲜而有趣。但正在因为这次经历,让他认识到了劳动的快乐,更重要的是,回到一种原始状态以后,就如同儿童眼中的世界,也不自觉地清理了原来心中积攒多年的“垃圾”。

的确,人如果只是活着,那是毫无意义的,在劳动中活着才有意义。劳

动的时候才是真正活着的时候，无所事事的一天，是让人困惑的，也是颓废的，毫无生机的。劳动是一切，劳动就是人生，劳动是生命，劳动自然会得到“报酬”。金钱的“报酬”，可能有多有少，也许不很公平，但是自然而然地收到的报酬，一定与你所付出的劳动成正比例，不会被忘掉，一定立即会赐给你，那就是“喜悦”。诚心诚意劳动的时候，一定会涌出喜悦，没有什么期盼和预期而劳动的时候，自己所感觉到的喜悦，是其他任何喜悦所不能比的。

因为真正的劳动已经得到了“喜悦”这一最高的报酬，因此所谓一般的工资，是上天养育和款待喜欢劳动的人的恩惠。对于自然给予我们这个奖金，应该高兴地接受！

只有自己辛苦赚取的钱财才是合法的利益

生活中，我们常听到：“天下熙熙，皆为利来；天下攘攘，皆为利往。”的确，对于人们来说，金钱的威力是巨大的，金钱可以买到可口的饭食，可以买到华丽的服饰，可以享受舒适的服务，可以买到很多想得到的东西。可以说，没有钱是万万不能的。在市场经济条件下，一个人如果身无分文，将不得不面对寸步难行、无法生存的境地。所以，从某种程度上说，拥有金钱的多少就体现了个人的人生价值。金钱，确实是人享受幸福生活的条件，但不是幸福生活的全部：“家有金山银山，不过一日三餐”，房子再大，晚上睡觉不过一张床，衣服再豪华，其作用也不过是遮丑避寒。其实，我们的需要极其有限。现实生活中，往往有些人在实现最终目标的过程中实现阶段性目标时做了与实现最终目标背道而驰的事，让手段掩盖了自己的目的。

马克思说资本家对利润的追求是贪得无厌，其实，不仅仅是资本家，每

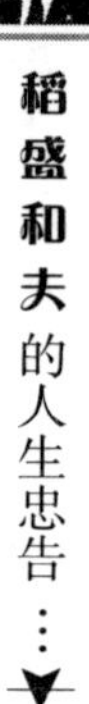

个人都有追求利润最大化的本能和动机,因为金钱是人存在于世上最基本的条件之一。有人超过了头,把对金钱的追求当成了最终且唯一的目的。生活中的年轻人,一定要谨记,君子爱财取之以道,只有自己辛苦赚的钱才是真正的利益。

稻盛和夫在经营京瓷公司和 DDI 几十年的过程中,都是本着这一原则的。也是他一贯奉行的做人处事的哲学。

如果你仅仅把赚钱当成你的目标,或者是你的企业的目标,而不择手段,即使你上了福布斯排行榜,你能确认自己能引以为豪吗?

稻盛和夫谈论日本房地产市场时说:“日本经济现在还没有从泡沫经济的后遗症中挣扎出来。当时,很多企业都鬼迷心窍,争先恐后地投机房地产。仅仅转卖土地所有权,资产价值就不断地飙升。期望升值而从银行借贷巨额资金并投入到房地产行业里——这样的事很多企业都做过。”

那时候,因为京瓷公司有孜孜不倦积蓄起来的大额现金存款,所以,多次面临是否投资房地产的诱惑。其中,还有银行的人以为他没有理解其中的“赚头”而诚恳地、细致地告诉他具体赚钱的方法。

但是,只是把土地从左手转到右手就能赚取巨大的利益,岂会有如此好事!如果有,那也不过是不义之财或浮利。轻而易举获取的钱财将轻而易举地溜掉。因此,稻盛和夫拒绝了所有关于投资的建议。因为他明白,从经济原则上看是不正常的,随着泡沫经济的崩溃,资产突然变成负资产,很多企业因此背负不良债务。

所以,年轻人,你一定要谨记稻盛和夫的忠告,即使听说可以获取巨额投资利润我也告诫自己“不可贪得无厌”,明知吃亏也要遵守的哲学,明知有苦也要承受的觉悟,这才是是否能够度过真正充实完满的人生,是否能够收获成功果实的分水岭。

《白鹿原》中有一句话“房是招牌地是累,攒下金钱是催命鬼”,确实是这样的。金钱并不能带来幸福,金钱也不能买了健康和寿命。所以,过分地追求金钱是划不来的,尤其是违反法纪谋钱的方式更不可取。我们的自由

和亲情是无法用金钱来衡量的。从文强在被执行死刑时对常人生活方式的羡慕中，我们可以得到启迪。他向往常人子孙满堂的幸福，羡慕常人活到自然死亡的生活。幡然悔悟，为时已晚，所以“君子爱财”，还要“取之有道”。

的确，生活中，任何人都要生存，于是，他们因地制宜，千方百计去挣钱。有的出卖自己的劳动力，有的出卖自己的知识，有的出卖自己的智慧，有的出卖自己掌握的信息。“人穷志短”，“一分钱难倒英雄汉”。然而，金钱，只有在消费它的时候，才能体现它的价值。放在家中，只是一堆废纸，比废纸更让我们劳心费力，存在银行，只是一个数字，并不比一个普通数字更能带来乐趣。当我们把金钱作为挣钱的手段时，金钱就失去了其最本来的“物质交换的媒介”的功用和价值，变成了和农民的农具无异的工具。

尼采说，人最终喜爱的是自己的欲望，不是自己想要的东西！能够控制欲望而不被欲望征服的人，无疑是个智者。被欲望控制的人，在失去理智的同时，往往会葬送自己。我们来看下面一个故事：

一天傍晚，两个非常要好的朋友在林中散步。这时，有位僧人从林中惊慌失措地跑了出来，两人见状，便拉住那个僧人问道：“你为什么如此惊慌，到底发生了什么事情？”

僧人忐忑不安地说：“我正在移植一棵小树，却忽然发现了一坛子黄金。”

两个人感到好笑，说：“这僧人真蠢，挖出了黄金还被吓得魂不附体，真是太好笑了。”然后，他们问道：“你是在哪里发现的，告诉我们吧，我们不害怕。”

僧人说：“还是不要去了，这东西会吃人的。”

两个人异口同声地说：“我们不怕，你就告诉我们黄金在哪里吧。”

僧人告诉了他们具体的地点，两个人跑进树林，果然在那个地方找到了黄金。好大的一坛子黄金！

其中一个人说：“我们要是现在把黄金运回去，不太安全，还是等天黑再

往回运吧。这样吧，现在我留在这里看着，你先回去拿点饭菜来，我们在这里吃完饭，等半夜时再把黄金运回去。”

于是，另一个人就回去取饭菜去了。

留下的人心想：“要是这些黄金都归我，那该多好呀！等他回来，我就一棒子把他打死，那么，这些黄金不就都归我了？”

回去的那个人也在想：“我回去先吃饱饭，然后在他的饭里下些毒药。他一死，黄金不就都归我了吗？”

回去的人提着饭菜刚到树林里，就被另一个人从背后用木棒狠狠地打了一下，当场毙命了。然后，那个人拿起饭菜，狼吞虎咽地吃了起来。没过多久，他的肚子里就像火烧一样的疼，这才知道自己中毒了。临死前，他想起了僧人的话：“僧人的话真是应验了，我当初怎么就没有明白呢？”

很多人都明白，贪欲会把人带向罪恶的深渊，让人失去理智。它可以使人相互摧残，甚至使最好的朋友都能反目成仇。贪字头上一把刀，一旦人的内心被贪欲所吞蚀，那他必将被其毒害……人生如同一条河流，有其源头，有其流程，当然也有其终点，而不管流程有多长，有多短，终究都会到达终点，流入海洋。那么在我们活着的时候，有什么欲望是一定非要满足不可的呢？

子曰：“富与贵，是人之所欲也，不以其道得之，不处也；贫与贱，是人之所恶也，不以其道得之，不去也。君子去仁，恶乎成名？君子无终食之间违仁，造次必于是，颠沛必于是。”

这句话的含义是：“钱有地位，这是人人都想望的，但如果不是用仁道的方式得来，君子是不接受的；贫穷低贱，这是人人都厌恶的，但如果不是用仁道的方式摆脱，君子是不摆脱的。君子一旦离开了仁道，还怎么成就好名声呢？所以，君子任何时候哪怕是在吃完一顿饭的短暂时间里也不离开仁道，仓促匆忙的时候是这样，颠沛流离的时候也是这样。”

我们今天说：“君子爱财，取之有道。”什么“道”？合法之道。说到底，也就是仁义之道——仁道。仁道是安身立命的基础、生活的原则。所以，无论是富贵还是贫贱，无论是仓促之间还是颠沛流离之时，都绝不能违背这个基础和原则。用孟子的话来说，还是那句名言："富贵不能淫，贫贱不能移。"

洗涤灵魂：控制私欲，以利他之心生活

要用“利他之心”去经营企业，利他之心就是一颗正确的心。——稻盛和夫

我们都知道，人是社会的人，自从人的肉体来到尘世，就不可能做到真的超然物外，灵魂也不可能纤尘不染。被太多自我意识浸染过的灵魂，是会变得越来越沉重的。对此，稻盛和夫提出“以利他之心生活”。他认为，无论是经商，还是生活，都要本着利他的原则，学会通过分享来控制自己的私欲等，这些都是年轻人应该谨记的，只有这样，才能做到洗涤自己的灵魂，才能收获美好！

每日检查自己的行动和心理状态

古人云:吾日三省吾身。这是一句简单的话,但却蕴含了丰富的人生这里,行走于世,我们的心灵难免会染上尘埃,只有及时反省,检查自己的行为和心理状态,才能以全新的面貌重新上路,才不至于迷失方向。因此,任何一个年轻人,都应该通过不停地自我反省,来提高自己的人生境界。

对此,稻盛和夫在他提出的六项精进中指出:“每日检查自己的行动和心理状态,是否只考虑了自己的利益,自省自戒,努力改正。”稻盛和夫认为,人的活动应当做到利他,因此,他忠告年轻人在日常生活中应该自省的是自己的心灵和行为。

然而,现代人在多了一份自信心的同时却少了一种“自省”的精神。他们喜欢得到他人的称赞夸奖,更少有可能去自己反省了。在我们上学之时,老师可能经常教诲,“每天反省自己”。这确实是一句颇有价值之言,你如果能好好照着去做,一定收益匪浅。

的确,任何一个年轻人,没有反省就没有进步,也可能会迷失人生的方向,甚至犯下大错。德国诗人海涅说过:“反省是一面镜子,它能将我们的错误清清楚楚地照出来,使我们有改正的机会。”

所谓“反省”,就是反过身来省察自己,检讨自己的言行,看自己犯了哪些错误,看有没有需要改进的地方。

可是,每个人都有缺点,每个人都会犯错,都可能做出伤害到他人利益的行为,那么我们是圣人吗? 当然不是。所以,为什么不静下心来反省一下自己呢? 有了过失而不自知,从而越来越滑向错误的深渊,这只能使自己产生更多的损失。

为此,自省有以下两个方面的原因,一个是主观原因,人都不可能十全

十美，总有个性上的缺陷、智慧上的不足，而年轻人更缺乏社会历练，因此这就更需要你自己通过反省来了解自己的所作所为。

勇于面对自己，正视自己，对自己的一言一行进行反省，反省不理智之思、不和谐之音、不练达之举、不完美之事，并且要及时进行，反复进行，才能够得到真切、深入而细致的收获；疏忽了、怠惰了，就有可能放过一些本该及时反省的事情，进而导致自己的一再犯错。

夏朝时候，一个背叛的诸侯有扈氏率兵入侵，夏禹派他的儿子伯启抵抗，结果伯启被打败了。他的部下很不服气，要求继续进攻，但是伯启说："不必了，我的兵比他多，地也比他大，却被他打败了，这一定是我的德行不如他，带兵方法不如他的缘故。从今天起，我一定要努力改正过来才是。"从此以后，伯启每天很早便起床工作，粗茶淡饭，照顾百姓，任用有才干的人，尊敬有品德的人。过了一年，有扈氏知道了，不但不敢再来侵犯，反而自动投降了。

唯有反省才能进步，一个人的心智也是如此，一个人不管失去多少，只要还能够自我反省，就是成功的。不仅要在逆境中反省，还要在顺境时反省。只有这样，才能防患于未然，将危机消除于无形。

那你每天应该反省些什么呢？是不是专门跟自己过不去？不！以下几个方面就值得你去自省：

人际关系。你今天有没有做过什么对自己人际关系不利的事？你今天与人争论，是否也有自己不对的地方？你是否说过不得体的话？某人对你不友善是否还有别的原因？

做事的方法。反省今天所做的事情，处事是否得当，怎样做才会更好……。

生命的进程。反省自己至今做了些什么事，有无进步？是否在浪费时间？目标完成了多少？

如果你坚持从这三个方面反省自己，那一定可以纠正自己的行为，把握行动的方向，并保证自己不断进步。

一个具备反省能力的人一定要具有自我否定精神，就是要勇于认错。每个人都会有错误和缺点，有了错误，主动接受批评和自我批评，认真反省自身缺点，从而不断改进自己、升华自己。反省是心灵镜鉴的拂拭，是精神的洗濯。反省的过程就是一个人心智不断提高的过程，是一个人心灵不断升华的过程，也是我们对所遵循的标准不断反思和不断提高的过程。

苏格拉底说："未经省察的人生没有价值。"没有反思的人生很可怕，有了反思的人生填沉重，但年轻者要摆脱自己的稚嫩，要拓展新天地，甚至索求生命的意义，又处在当前快速运转的世界里，即使流俗里的现实也逼你沉思。晚年的巴金直面自己，反思与追问中得来当代中国产生巨大影响的《随想录》。反思伴随人的一生，年轻者反思只是个开始，掌握好了反思的技能，或得一生反思的自由。

那么一个人应该怎样反省呢？

事实上，反省无时无地不可为之，也不必拘泥于任何形式，不过，人在事物繁杂的时候很难反省，因为情绪会影响反省的效果。你可在深夜独处的时候反省，也就是在心境平静的时候反省——湖面平静才能映现你的倒影，心境平静才能映现你今天所做的一切！

至于反省的方法，则因人而异。有人写日记，有人则静坐冥想，只在脑海里把过去的事放映出来检视一遍。不管你采用什么样的方式，只要真正有效就行，自省也不能流于一种形式，每日看似反省，但找不出自己的问题，甚至对错不分，那就很值得注意了。

反思自己是一件痛苦的事情，会反思是一种智慧。时间卷着生命之弯或者是第一次深邃地摆在了年轻人面前，年轻的反思者更是要拉紧豪放不羁的思绪缰绳，反思才更具有现实意义和开启未来之功用，否则，反思也只是信马由缰，重新跌进雾里。

你有反省的习惯吗？趁早培养吧，它能修正你做人处事的方法，给你指引明确的方向……而且，它不是让你在众人面前进行自我检讨，也不会让你花一分钱，那何不为之！

注意要有同情心，行善积德有好报

中国人常讲："善恶有福终有报。"善良是人类最为可贵的品质。身正心直、积德行善乃做人之道，积德行善的人能得到老天的回报，"积善之家，必有余庆；积不善之家，必有余殃"。《易经》有言："所谓善人，人皆敬之，天道佑之，福禄随之，众邪远之，神灵卫之；所作必成，神仙可冀。欲求天仙者，当立一千三百善；欲求地仙者，当立三百善。"哲人说，善良是爱开出的花。善良是人们优良的品质，是心地纯洁、没有恶意，是看到别人需要帮助时毫不犹豫地伸出自己的援助之手。对于高尚的人来说，他们的品性中蕴藏着一种最柔软、但同时又最有力量的情愫——善良。

任何一个年轻人，在人生道路上，都应该做一个心地善良的人。即使你在对他人伸出援手的同时被反咬一口，也不要将这一可贵的品质搁浅。

一个人看到一只蝎子掉在水里，就伸出手来，想把那只蝎子救上来，结果那只蝎子狠狠地蜇了他一下，很疼。那个人下意识地松了一下手，蝎子再次掉进水里，在水里不停地挣扎。那个人见了，再次伸出手来，结果，那只蝎子又一次狠狠地蜇了他……旁边的人见了，纷纷笑他太傻，说："它老是蜇你，你为什么还要救它？"那个人抬头看了看他，回答道："我当然还要救它，因为我们都知道，蜇人是蝎子的天性，这很正常。可对我来说，救人是我的天职，所以我不能因为蝎子蜇人的天性而放弃我救人的天职呀……"

可见，善良的品质不是人人都具有的，但却人人都能感受得到它的存在；善良不是人们与生俱来的附着物，但却是能够在净化自我心灵的过程中得到升华的人格成分。

的确，我们所感受到的善良，有时像天使背部那片洁白轻柔的羽毛，让人感觉到温暖，让人感觉到希望；有时又像大力神赫拉克勒斯宽阔厚实的胸

膛，让人感到无比的振奋，让人感到无比的有力量。

美国著名作家亨利有一次和他的侄子交谈，他们讨论了很多有趣的话题，最终两个人谈到了什么叫善良。他问自己的侄子，你知道什么是善良吗？侄子点点头，说，我知道，可是我无法表达。亨利笑了笑，说，你知道什么是人生中最宝贵的东西吗？侄子点了点头，并说出了包括金钱在内的很多东西。可是这一次亨利却摇了摇头，最后说道："在人的一生中，有三种东西是最宝贵的，第一是善良，第二是善良，第三还是善良。"善良是什么？善良是不求回报地付出，是内心永恒不变的那一抹温柔，是与人为善的不变天性。

然而，积德需要修行，不能停留在口头上。行善可以使人在精神上产生愉悦和快乐，尤其是得到称颂的时候，会有慰藉和满足的感觉。实际上你在做好事和有益的工作时，不管是有意还是无意都会聚精会神全身心地投入。此时此刻脑海里会排除杂念和私欲，心灵得到锤炼和净化。长期如此，当然有利于身心健康和养生。平素人们都说德行，何为德？何为行？德是个人的高尚情操，是先天品赋，但并非所有的人生下来就具备了好的品性，故需要后天扎扎实实地修养，也就是行，所以德需要行，才能为善，不然的话，德就是一个空洞的东西，未能为善的德只能是伪善。行是行为，善是无私，行为的无私就是行善，积德是行善的必然结果，与对方没有关系，利于别人的行为与思想就是善！

积德不能忽视生活小节，哪怕是慈悲的心性、耐性和忍性，"勿以恶小而为之，勿以善小而不为"。诸葛亮在《诫子书》中指出冲动和暴燥未能成为德。我国画家启功先生就是一个在生活中与人为善的人。

一次，他随全国政协到北京琉璃厂视察和调研艺术品市场，当时，有同行者发现这个古玩市场的地摊上，竟摆着大量所谓的启功书法作品。对此，大家都心知肚明是赝品。

有人问道："启老哇，有何绝招来甄别您作品的真假呢？"

启功先生爽然大笑起来，随后一边缓步走着，一边指着地摊上的启功作

品幽默地说:“一百年以后,比我写得好的,就全都是真品了!”

启老的这番话,微言大义,深藏玄机,且只可意会,难以言表。

启功虽然是名人,但他最怕虚度时光,他常常砥砺自己要在有限的生命时光中,做出更多的奉献。然而,常常有人慕名前来上门请求写字作画,以致影响了自己的正常学习和研究,他又不便直接拒绝,因此,他在创作、研究或身体不适的时候,就在门上挂个牌子,上书:“大熊猫病了!”来者看到便禁不住莞尔一笑,虽吃了闭门羹,但也仍感到轻松快乐。

一次,一个朋友出于好心,给他请了一个气功师为他治病,治病前朋友曾告诉启功说气功师的功力如何如何了得,治疗的时候,气功师把手压在启功的膝盖上,运气发功后,朋友问启功有什么感觉,启功并没有感到有什么异常,但他知道朋友是想让他说酸麻胀热之类的话,可是,他没有感觉到啊?他不想拂朋友的好意,就装作挺认真地说:“有感觉!我感觉到有一只大手捅在了我的膝盖上……”听了他的话,大家都乐不可支。

这里,我们看到了一个老艺术家不但在艺术上取得了非凡的成就,而且也在心灵上步入了大彻大悟之境,生命中充满着一种“身心无挂碍,随处任方圆”的大气和洒脱。他的一番话虽然让人捧腹大笑,但表达的却是他处处替人着想的那一份善良。可见,幽默的语言并不是刻意所为,而是心灵智慧的自然流露,就如汩汩的清泉能够不断地流淌,正是大地深处有她的源泉。无独有偶,老艺术家黄永玉先生也是个与人为善的人。

一位智者曾经说过:善良是一种远见,一种自信,一种精神,一种智慧,一种以逸待劳的沉稳,一种快乐与达观……只要我们自己本身是善良的,我们的心情就会像天空一样清爽,像山泉一样清纯!

赠人以花,手有余香!善良从来就与正直、爱心、悲悯为伍,与邪恶、阴毒、冷漠为敌。清澈的水来自雪山之巅,人的善良来自干净的心底。年轻人,当我们怀着一颗真诚之心善待我们身边的每一个人时,我们收获的也是真诚与善良,当然,还会有浓浓的爱!

“利他”是经商的出发点

我们知道，在现代社会，放眼所及，在我们的周围，很多人通过经商、做生意成功获得了财富，他们比其他人生活得更富足，这令我们羡慕不已。于是，就有一些人，为了追求财富、为了满足物质的欲望，失去了错误的价值观判断，使得自己的生活疲于奔命，或者心生为非作歹的念头，从而造成了在社会当中的不安气氛。有道是“君子爱财，取之有道”，追求利润并非罪恶。但是，方法必须是符合人道的。并不是不管干什么，只要能赚钱就行，为了获取利润必须走正确的道路。牟利之心是经商或其他人类活动的原动力。所以，任何人都可以有赚钱的“欲望”。但是，欲望不能只停留在利己的范围内，同时也要有利于他人的“欲壑”谋求公共利益。这一点，一直是稻盛和夫经营公司的原则。

过度地追求财富应该适可而止了。不应把国家和个人的目标放在追求物质上的富有，精神富有才是“知足”的生活方式。而精神富有的一个重要的来源便是利他，这样的思维方式和生活态度是我们每个人都应该具备的。

因此，任何一个年轻人，都应该谨记稻盛和夫的忠告，应该控制自己的私欲，要有知足、与他人共享的宽容之心、或者给予他人、满足他人的体谅之心。

也许你会说这是不可能的事，但稻盛和夫就是这么做的，“真正的商人应该认为对他人有利就对自己有利”，就是说，既对他人有利、也对自己有利才是生意的秘诀。或者说必须包括“利己利他”的精神。

这里的“利他”，对于经商者来说，包括个三层面的含义，第一个是企业员工。在这一方面，松下公司的做法值得很多企业领导者效仿：

在松下，领导者处处关心员工，考虑职工利益，还给予职工工作的欢乐

和精神上的安定感,与职工同甘共苦。

1930年初,世界经济不景气,日本经济大混乱,绝大多数厂家都裁员,降低工资,减产自保,百姓失业严重,生活毫无保障。松下公司也受到了极大伤害,销售额锐减,商品积压如山,资金周转不灵。这时,有的管理人员提出要裁员,缩小业务规模。

这时,因病在家休养的松下幸之助并没有这样做,而是毅然决定采取与其他厂家完全不同的做法:工人一个不减,生产实行半日制,工资按全天支付。与此同时,他要求全体员工利用闲暇时间去推销库存商品。松下公司的这一做法获得了全体员工的一致拥护,大家千方百计地推销商品,只用了不到3个月的时间就把积压商品推销一空,使松下公司顺利渡过了难关。

在松下的经营史上,曾有几次危机,但松下幸之助在困难中依然坚守信念,不忘民众的经营思想,使公司的凝聚力和抵御困难的能力大大增强,每次危机都在全体员工的奋力拼搏、共同努力下安全度过,松下幸之助也赢得了员工们的一致称颂。

从松下的管理经验中,我们看到了利他的管理经验让员工感到了家的温馨,增进了企业内部的相互信任,增加了员工对公司的忠诚感。

关于管理员工,稻盛和夫认为,尽管终身雇佣制现在正在逐步废除,但是,雇佣职员也就意味着有义务照顾该员工一辈子。所以,五个人也好,十个人也好,雇佣职员本身就已经是“为了他人”。

当然,经商除了要利于员工,还要利于我们的合作者。下面两个案例能说明这一点。

小张是一家大型商场的空调销售人员,一天,一对老年夫妇看上了一台挂式的空调,这时,小张走过来,对他们说:“叔叔阿姨,你们家人多不?”老两口数了一下,家里人还真不少,小张说:“我看人多的话倒是可以买个立式的,我们现在正在做活动,现在买一台立式的,价格在六千以上的话,就免费送一台挂式的,就当给孩子们买台空调!”老两口一算,挺划算的,没多说什么就买了。

这里，小张为什么能够成功卖出空调，因为他真正从客户的利益出发，以此来介绍产品，就让客户能切身感受自己能获利。

经商过程中，或是与他人合作，或是销售产品，双方在都有一个自己的立场，若别人立场和自己的不同，自然就会产生抗拒心理。真正能考虑到他人利益的经营者往往能赢得信任，继而实现双赢。我们再来看看下面的谈判案例：

某客户准备为自己的饭店购进一些桌椅，于是，他和家具公司的代表谈判。

客户："我觉得那套棕色木质家具看起来比较大方，而且我一直比较喜欢木质的东西……"

销售方："请问您的饭店大厅有多少平米？"

客户："我的饭店有100平米，买二十套这样的桌椅应该能放得下。"

销售方："您看一下这套家具的宽度，是不是放在100平米的饭店大厅里会不会让剩余的空间太狭窄了，其实主要是我们这里这个展厅比较大，很多人一进来就相中了这套家具，实际上那套小巧玲珑的家具更适合现代餐厅布局的特点，而且价格也比刚才那套实惠很多。"

客户："你说得对，我还是买这套小一点的吧。"

作为销售方的谈判代表，并没有为利欲熏心，而是从客户的实际情况出发，及时提醒了客户：购买贵一点的那套木质家具是不适合的。这位谈判者这样说，会让客户从心理感激他，并觉得他是一个具备难得品质的人，自然毫不犹豫地达成谈判目的。的确，不仅是销售员，真正会做生意的人总是会在第一时间考虑客户的要求，一旦你掌握了这种方法，你的工作就能够更顺利地进行，并且你做成的不只是一笔生意，还赢得了一名忠实的客户。忠实客户给你带来的利益是不可估量的。

当然，就拿经营公司这一行为来说，利他的行为的本身除了包括为自己、为他人还包括为了社会，对于追求成功的年轻人来说，如果你能坚持这样的思维方式，那么，你的人生之路将会走得越来越稳、越来越平坦！

要有知足并与他人共享的宽容之心

我们知道，人的欲望是无限的，但作为一个身心健康的人，一般都能控制自己的欲望，而被欲望控制的人将没有幸福感、虚荣。除此之外，一个人幸福感的获得，还有另外一个来源，那就是分享。因此，任何一个年轻人，都应该明白一个道理，知上进、有所追求是一件好事，但让欲望占据了内心，便给人生的悲剧拉开了序幕。

对某些人来说，生命是一团欲望，欲望不能满足便痛苦，满足便无聊，人生就在痛苦和无聊之间摇摆。这样的人生无疑是可悲的。

事实上，当生活越简单时，生命反而越丰富，尤其是少了物质欲望的牵绊，我们越是能够从世俗名利的深渊中脱身，感受到自己内心深处的宽广和明净。因此，每一个人都应懂得修剪自己的欲望。

稻盛和夫认为，人类应该控制自己的私欲，要有知足、与他人共享的宽容之心、或者给予他人、满足他人的体谅之心。

有这样一个寓言故事：

一只生活在原始森林里的猴子常听人说，天堂里的生活最美好。于是，它决心要找到天堂。经历了千辛万苦的跋涉，终于有一天，猴子来到一个美丽的小镇。这里有五彩缤纷的花园，奇特的建筑，喧闹的街道，诱人的美味。猴子高兴极了，它结交了不少朋友，每天和小动物们做游戏，搞比赛，听音乐，真是无比的快乐。它觉得这就像是自己要找的天堂。可是，让猴子感到美中不足的是，这里的规矩太多。就说在花园里玩吧，那么多好看的花儿不让摘。在家乡可不是这样，高兴的时候，猴子经常采摘一大把鲜花，编成花环戴在头上玩。可是，在这里，猴子刚刚摘了一朵花想闻闻香不香，就被小白兔看到，狠狠地批评了它一顿，还被罚在花园里干半天活儿。还有，猴子吃完香蕉，随手把香蕉皮扔在路边，又被大公鸡看到，被罚扫一天街道。猴子倒不是怕劳动，它感到太不自由了，处处受约束。终于有一天，猴子在因为一点小事和黄狗打架而被罚做五天公益劳动时，愤然离开了小镇。猴子想："这里肯定不是天堂，天堂里的生活应该无拘无束。"于是，猴子又开始了寻找……

猴子的愿望就是无法满足的，其实，人类何尝不是如此呢？年轻人也应该学会控制自己的愿望，只有脚踏实地、放弃虚无的愿望才是幸福的。

那么，如何抑制欲望呢？稻盛和夫认为，抑制欲望和私心本身，就是接近利他之心。他认为利他之心是人类所有德行中最高、最善的德行。忽视自己而利于他人，致力于后自己而先天下。一旦产生这种利他之心，人类就能不受世间欲望的迷惑而生存。而且，有了利他思想，烦恼的毒素才能消失，欲望的污秽才能被消除而显露出"美丽的心灵"。对此，通俗点来说，这里的"利他"指的就是学会分享、获得分享的快乐。我们再来看下面一个故事：

有一个犹太长老，他平时很喜欢打高尔夫，在一个安歇日，他的球瘾又犯了，很想去打球，可是他又怕违反教规（教规里规定严禁在安歇日工作和游玩，只能在家休息），经过一番思想斗争之后，他还是无法说服自己不去打，再者他想，安歇日教徒们肯定都在家呆着，不会有人知道他去打球了。于是，他就带着球杆去了球场……结果像他预想的那样，球场上一个人都没有。于是，他举起球杆开打。这时，一个小天使从这里路过，看到长老在打球，心里想：安歇日他还在打球，太大胆了！于是，她就到了上帝那里要求上帝惩罚长老，上帝听了小天使的话很生气，就说一定会惩罚长老的。

这时的长老打得正津津有味，根本不知道有人告了他的状，而且状态极佳，比世界高尔夫冠军打得还好，本来他想着打上九杆球就走，可是一看自己今天的球技不凡，就想着再打上九杆看看，结果呢？又是每杆球一杆进洞，这让他极其兴奋，把那什么教规忘个一干二静，继续打起来，而且还是百发百中。这时，小天使又从这路过，看到长老还在打球，很是生气，心想肯定

是上帝包庇他。于是去找上帝理论，上帝笑笑说："我已经在惩罚他了。"

小天使很纳闷，上帝就说："他的球技出奇得好，一定很兴奋、激动，可是却不能与人分享……"

上帝的话告诉我们，一个人不管是拥有还是失去，是愉悦还是痛苦……都需要有人来和她分享，在分享中找到和谐，在分享中找到共鸣。

的确，人生匆匆，稍不留心就已白发苍苍，而没有分享的一生是孤独的，当你站在事业巅峰的时候，固然是登高望远，但一眼望去，没有人祝福，没有人同乐，这样的人生怎么会有幸福可言呢？

因此，年轻人，你要明白，一切事物都有个度，欲望无止尽，放弃那些私欲吧，学会分享，你会获得真正的心灵自由！

在小山村里生活着四兄弟，他们的父母在很久以前的一场大火中离开了人世，现在他们四兄弟相依为命，大的那个男孩担负照顾三个小弟的责任。

一日，哥哥从城里回来，给三个弟弟带了三块糖。对于这三个不幸的孩子，这已经是很好的礼物了。看着弟弟们津津有味地吃着糖，哥哥忽然想到了个好主意，他唤来了三个弟弟，和蔼地对他们说："糖果甜吧？"弟弟们都不停地点头，对哥哥说："哥哥，你什么时候再给我们带糖呀？"哥哥说："只要你们天天都快乐，哥哥每天都给你们带糖吃。"可是，这些没爹没妈的孩子怎么才能天天都快乐呢？

哥哥每天在县城里帮城里的小商贩搬东西，虽然城里的人都没给他什么好脸色，但他总是笑脸相迎，他不只是为了自己有碗饭吃，每当他想起家里的三个弟弟正在快乐的嬉戏，他就不禁露出甜蜜的微笑，肩上的重物也仿佛轻了很多。

三个弟弟虽然成天见不了哥哥，但无论是在河边嬉戏，还是在林间打闹，他们都时刻想念着哥哥，不只是想着哥哥带给他们糖吃，他们想着的是哥哥在城里的安危。

一日，哥哥从城里回来，弟弟们跟往常一样围到哥哥身边，但这次，哥哥

并没有像往常一样给弟弟们每人一颗糖，弟弟们看着哥哥的颓丧，仿佛都明白了什么。哥哥的眼睛仿佛也黯淡了很多。片刻沉静后，一个弟弟把拳头递给了哥哥，张开拳头，里面是六颗保存完好的糖果，接着，一只只小拳头伸向了哥哥，一颗颗糖果轻轻地落在了哥哥地手中。哥哥顿刻惊呆了。哥哥搂住了三个弟弟，因为感动，哥哥不禁流下了热泪。

此后，哥哥跟往常一样每天给弟弟们带回三颗糖，但每天总有一个弟弟没有吃糖，哥哥每天都能吃上弟弟给他的一颗糖。三个弟弟虽然每天都有一个没有糖吃，但他们比以前更加的快乐。

这是个感人的故事，这些孩子，虽然每天有一个人没有糖吃，但却是快乐的，这就是分享的力量，这就是亲情的作用！

是啊，那么，人类为什么总是抱怨自己不幸福？他们的财富已经达到了可以买数以万计的糖的程度！其实，从知足这一角度看，人们不幸福，是他们要求得太多、满足得太少，因此，年轻人，如果你正走在追求财富的路上，那么，控制一下自己的私欲吧，过度地追求财富应该适可而止了。有句格言道“无法得到渴望的东西时，就珍惜现在拥有的”、内心知足才会安定，才会幸福。

忠告15 理性思考：找到出路，斩获快乐人生

过去要靠理性分析才能理解的一些事情，现在很快就能抓住其本质，从内心更深刻地理解它们。——稻盛和夫

生活中，年轻人充满对未来的憧憬，而未来所有生活目标的实现，往往并不是那么一帆风顺，甚至还会出现一些扰乱我们心绪的小插曲。在这些问题面前，有的人心事沉重了，有的人愁眉苦脸了，也有的人随波逐流了。其实，这些小插曲是人生的一道道门坎。只有善于对人生进行理性思索的人，理性地认识自己、理性地认识社会、理性地去思考当前遇到的问题的人，才能找到出路，才能获得一个健康、快乐的人生。

不为感性所困

现实生活中，每个年轻人都渴望成功，他们都有自己的梦想，的确，梦想是一支火把，它能最大限度地燃烧一个人的潜能，但在追求梦想的过程中，一定要摆脱那些感性的烦恼，只有把目光放在实际行动上，才会真正推动梦想的实现。因为感性的烦恼是一片沼泽，它会让你在一片迷途中越陷越深。对此稻盛和夫认为，要摒弃感性带来的烦恼，为了不致事后后悔，更应全身心地投入。在日常生活和工作中，他常这样告诫自己，并有意地实践。

不可否认的是，现实生活中，大部分年轻人都有一些浮躁心理，的确，想得远不是错误，但是你必须做得踏实。你需要记住稻盛和夫这一忠告，并将它融入到日常生活中，而不是高悬于家壁之上。

一个商人需要一个小伙计，他在商店里的窗户上贴了一张独特的广告："招聘：一个能静心的男士。每星期 4 美元，合适者可以拿 6 美元。""静心"这个术语在村里引起了议论，这有点不平常。这引起了小伙子们的思考，也引起了父母们的思考。这自然引来了众多求职者。

每个求职者都要经过一个特别的考试。

"能阅读吗？孩子。"

"能，先生。"

"你能读一读这一段吗？"他把一张报纸放在小伙子的面前。

"可以，先生。"

"你能一刻不停顿地朗读吗？"

"可以，先生。"

"很好，跟我来。"商人把他带到他的私人办公室，然后把门关上。他把这张报纸送到小伙子手上，上面印着他答应不停顿地读完的那一段文字。

阅读刚一开始，商人就放出六只可爱的小狗，小狗跑到男孩的脚步边。这太过分了。男孩经爱不住诱惑要看看美丽的小狗。由于视线离开了阅读材料，男孩忘记了自己的角色，读错了。当然他失去了这次机会。

就这样，商人打发了 70 个男孩。终于，有个男孩不受诱惑一口气读完了，商人很高兴。他们之间有这样一段对话：

商人问："你在读书的时候没有注意到你脚边的小狗吗？"

男孩回答道："对，先生。"

"我想你应该知道它们的存在，对吗？"

"对，先生。"

"那么，为什么你不看一看它们？"

"因为你告诉过我要不停顿地读完这一段。"

"你总是遵守你的诺言吗？"

"的确是，我总是努力地去做，先生。"

商人在办公室里走着，突然高兴地说道："你就是我要的人。明早七点钟来，你每周的工资是 6 美元。我相信你大有发展前途。"男孩的发展的确如商人所说。

这就是成功的要素！生活中，人们往往很容易被周围发生的事影响而不能把自己的精力投入到他们的工作中，完成自己的使命。这可以解释成功者和失败者之间的区别。

年轻人，你应当懂得，在刚刚步入社会时，让自己沉下心来进入角色是非常重要的，越早进入就意味着越早地步入事业的轨道。每天都让自己成熟一些，浮躁之气自然会少下来。

许多年前，一位劳苦的牧羊人领着两个年幼的儿子以替别人放羊来维持生计。一天，他们赶着羊来到一个山坡，这时，一群大雁叫着从他们的头顶上飞过，并很快消失在远处。牧羊人的小儿子问他的父亲："大雁要往哪里飞？""它们要去一个温暖的地方，在那里安家，度过寒冷的冬天。"牧羊人说。他的大儿子眨着眼睛羡慕地说："要是我们也能像大雁一样飞起来就好

了，那我就要飞得比大雁还要高，去天堂，看妈妈是不是在那里。”小儿子也对父亲说：“做个会飞的大雁多好啊！那样就不用放羊了，可以飞到自己想去的地方。”

牧羊人沉默了一下，然后对两个儿子说：“只要你们想，你们也能飞起来。”两个儿子试了试，并没有飞起来。他们用怀疑的眼神看着父亲。

牧羊人说，让我飞给你们看，于是他飞了两下，也没飞起来。牧羊人肯定地说，我是因为年纪大了才飞不起来，你们还小，只要不断努力，就一定能飞起来，去想去的地方。

儿子们牢牢记住了父亲的话，并一直不断地努力，等他们长大以后果然飞起来了，他们发明了飞机，他们就是美国的莱特兄弟。

哲人说过，“梦想指引我们飞升”。莱特兄弟的成功靠的并不是一个梦想，而是在拥有梦想之后为之坚持不懈地努力。他们几十年如一日，调动自己最大的激情和潜能，从自行车修理专卖店开始一步步积累资金，并学习和研究前沿的机械制造技术，在一次又一次的试飞后，才实现了他们飞翔的梦想。

大多数人都知道梦想里隐藏着无限的积极力量，但对于如何把梦想变为现实，他们却常有种抓不到重点的感觉。为了实现梦想，他们甚至设想了一万种方法，但实际上，这都无济于事，因为理想不同于妄想和幻想，目标要切实可行，行动要脚踏实地。

很多年轻人，虽然已经步入成熟的年纪，但对于未来，他们却抱有太多幻想而缺乏实际的行动，现实的生活对每个人都是一场综合的考验，不会对谁网开一面。不管你求学于哪一所高校，在课堂上掌握的书本理论的多寡，并不能代表你实际能力的强弱。真正能把人从饥饿、贫困和痛苦中拯救出来的是劳动和生存的技能，是思想攀升的高度，是踏踏实实干事的作风。

同时，你也必须明白，梦想的实现需要你一步一个脚印地积累。决心实现长远目标的人都知道，进步是一点一滴不断地努力得来的。例如，房屋是由一砖一瓦堆砌成的，篮球比赛的最后胜利是由一次一次的得分累积而成

的，商店的繁荣也是靠着一个一个的顾客在不停地购物过程中形成的，所以每一个重大的成就都是一系列的小成就累积成的。

有时某些人看似一夜成名，但是如果你仔细看看他们过去的历史，就知道他们的成功并不是偶然得来的，他们为了实现梦想早已投入无数心血，打好坚固的基础了。那些暴起暴落的人物，声名来得快去得也快。他们的成功往往只是昙花一现而已，他们并没有深厚的根基与雄厚的实力。

因此，年轻人，不管你多么优秀，在刚踏入社会的那一刻，你都是一个零，都是一张白纸，在社会的浪潮中，唯有踏踏实实干事、理性思考、摆脱那些浮躁与轻狂，才能成就一番大事。

越是错综复杂的问题，就越要回到原点

生活中，我们都有这样的经验，遇到一些棘手的问题，我们常沿着自己的思路寻找解决方法，但事实上，结果却是不尽人意甚至让我们走进了死胡同，而当我们回过头来反省时却发现，原来有一条极为简单的方法。的确，那些原本看似错综复杂的问题，是我们的思维为其安上了复杂的外壳，如果我们能简化思维，让问题回到原点，那么，问题便能迎刃而解。现实生活中的每一个年轻人都明白，思维是一切竞争的核心，因为它不仅会催生出创意，指导实施，更会在根本上决定成功。它意味着改变外界事物的原动力，如果你希望改变自己的状况，获得进步，那么首先要从改变思维开始。

在稻盛和夫管理京瓷公司期间，他便常用这一思维模式解决员工之间的纷争。

在工作上，因为意见不合，有些员工常会出现一些分歧，此时，如果一位员工说："不是那样的。"那么，另一位员工必会反驳："不对，应该这样！"除了员工之间，部门与部门之间也会出现这种状况，并且矛盾产生的缘由往往多

种多样，而最终结果是问题常常闹到作为总经理的稻盛和夫那里。

于是，稻盛和夫在倾听双方陈述理由后，得出“应该这样、这样更好”的结论时，大家都表示信服，好像刚才唾沫横飞争论不休都是假的，又都轻松愉快地返回工作岗位。

稻盛和夫认为，问题得到解决，不是因为地位最高的权威者一言九鼎。而是因为，从远离利害关系的第三者立场出发，冷静地解析问题，发现多数纠纷的原因其实是极其简单的，他指出了这些问题并提出解决方案。

担任稻盛财团副理事长、世界著名数学家的广中平佑先生如此表述出他的真知灼见：“看似复杂的现象，其实不过是简单的投影。”这是广中平佑先生在解答出迄今为止谁都没有解开的数学难题时说的。

所以，稻盛和夫提出，越是错综复杂的问题，就越要回到原点，根据单纯的原理原则进行判断。面对很棘手的问题，用朴实的眼睛、根据简单明快的原理，对事情的是非、善恶进行判断即可。

其实，生活中的年轻人，如果你细细观察，你也会发现很多类似的问题：大到国家、政治问题，小到工作、生活甚至家庭中的矛盾，当事者各有意图，各有道理一大堆，使得原本十分简单的问题变得复杂怪异了。

事实上，一些年轻人，为了使思考的问题更加全面，他们会给问题设置很多规则，而这些规则对于问题的解决却是障碍，为此，你必须解放自己的思维，越是复杂的问题，越是要回到原点：

有这样一个有奖问答活动，题目是：一次，三个人一起坐热气球旅行，这三个人都是关系人类命运的科学家。第一位是核子专家，他有能力防止全球性的核子战争，使地球免于遭受灭亡的绝境；第二位是环保专家，他可以拯救人类免于因环境污染而面临死亡的厄运；第三位是粮食专家，他能在不毛之地种植粮食，使几千万人脱离饥荒而亡的命运。但旅行到一半旅程，却发现热气球充气不足。就在那一刻，此刻热气球即将坠毁，必须丢出一个人以减轻载重，使其余的两人得以存活，请问该丢下哪一位科学家？

因为奖金数额庞大，征答的回信如雪片飞来。每个人都竭尽所能地阐

述他们认为必须丢下哪位科学家的见解。最后，结果揭晓，巨额奖金的得主是一个小男孩。他的答案是：将最重的那位丢出去。

我们在赞叹小男孩的答案时，也不难得出这样一个结论：任何复杂的现象，其复杂的也只是表面，其实都可以找到简单的分析、处理方式，这就是化繁为简的过程，这个过程需要简单就是找寻规律、把握关键。

这个道理，我们在读书过程中也曾遇到，读书是一个先繁后简的过程，也就是人们常说的“先要把书读厚，再要把书读薄”，将复杂问题简单化才是思维的至高境界。

然而，要实现思维的简单化却绝非易事，年轻人，你需要进行一次彻头彻尾的心理革命，尤其是要培养自己一针见血地捕捉问题实质的能力。

在美国发生过这样一件事情。

柯特大饭店是美国加州的一家老牌饭店。饭店老板准备改建一个新式的电梯。他重金请来全国一流的建筑师和工程师，请他们一起商讨，该如何进行改建。

建筑师和工程师的经验都很丰富，他们讨论的结论是：饭店必须新换一台大电梯。为了安装好新电梯，饭店必须停止营业半年时间。

“除了关闭饭店半年就没有别的办法了吗？”老板的眉头皱得很紧，“要知道，这样会造成很大的经济损失……”

“必须得这样，不可能有别的方案。”建筑师和工程师们坚持说。

就在这时候，饭店里的清洁工刚好在附近拖地，听到了他们的谈话，他马上直起腰，停止了工作。他望望忧心忡忡、神色犹豫的老板和那两位一脸自信的专家，突然开口说：“如果换上我，你们知道我会怎么来装这个电梯吗？”

工程师瞟了他一眼，不屑地说：“你能怎么做？”

“我会直接在屋子外面装上电梯。”

“多么好的方法啊！”工程师和建筑师听了，顿时诧异得说不出话来。

很快，这家饭店就在屋外装设了一部新电梯，而这就是建筑史上的第一

部观光电梯。

在人们的传统思维中，电梯只能安装在室内，却想不到电梯也可以安装在室外，像这样固守成法、循规蹈矩的人比比皆是。问题不在于他们的技术高低、学识多寡，而在于他们突破不了常规的思维方式。工程师和建筑师被专业常识束缚住了，而洁清工的脑子里没有那么多条条框框，思路很开阔，所以才会想出令专家们惊讶的妙招。

总之，年轻人应当谨记稻盛和夫的忠告，在生活中最大的成就是不断地自我改造，以使自己悟出生活之道。的确，在很多情况下，外物是无法改变的，我们能改变的就是我们的思想。遇到困难和变化时，让思维尽显其灵活和多变的本质，而遇到越是错综复杂的问题，越是要回到原点，往往能得到更好地解决问题的方法。

从原则出发考虑问题

生活中，我们常这样评价一个人："他做事很有原则。"很明显，这是一个正面、积极的评价，那么，什么是原则呢？原则是说话或行事所依据的法则或标准。它规范着人应当怎样、不应当怎样，可以怎样、不可以怎样。大凡一个人，在想问题、干工作、办事情的过程中都有一个讲原则的问题。敢不敢于、善不善于讲原则，是检验一个人、一个单位、一个国家修养和素质的试金石。对此，稻盛和夫说："坚定并遵循基于原理原则的哲学，它将引导事业走向成功，为人生带来丰硕果实。"

的确，生活中的年轻人，人生经验尚浅的你们，在遇到很多问题的时候，可能不知如何下手，不知如何解决，那么，此时，你不妨抛弃那些摇摆不定的想法，从原则出发。正如稻盛和夫所言，这绝对不是一条充满乐趣的享受之路，以哲学为基准的人生，要约束自己、束缚自己，甚至多数场合伴随着痛

苦，有时还可能是处处“吃亏”的苦难之路。但是，目光长远地看，根据坚定的哲学采取行动最终绝对不会吃亏，即使暂时看上去吃亏，不久一定会恢复为“获利”，而且肯定不会犯大错。

我们先来看下面一个故事：

1986年，正是哈佛大学建校350周年，校方准备校庆与毕业典礼同时举行，并邀请当时的美国总统里根参加盛典和发表演说，因为哈佛大学300周年校庆时，罗斯福总统参加过庆典，这也是为大学争辉的事。但没有想到，里根总统提出了一个要求，希望授予他哈佛荣誉博士学位。这本身是一件小事，但以学术水平为唯一标准来聘任教授和授予荣誉学位称号的制度却使哈佛大学的董事会、校长、教授会为了大学学术声誉的尊严和学校制度的严谨断然拒绝了里根总统的要求。里根因此也没有参加哈佛的350周年校庆活动。

试想，如果换作某些大学，总统提出担当名誉教授的要求，有几家能够坚持聘任教授的原则而拒绝呢？哈佛做到了，在政治化、商业化的熏染下，许多大学向权力意志的行政机构蜕变，学术自由、崇尚真理的大学传统正在经受挑战。哈佛人死守自身的原则才更显其伟大。

同是美国另一所著名学府的西点军校，由此毕业的第十八任总统格兰特曾说，非常情况下能否坚持原则，常常是判断一个人道德水准的重要依据。

在一个漆黑的、狂风暴雨的夜晚，大副从驾驶室出来走向船长说：“船长，船长，我们的海道上有灯光，而且他们不愿移开。”

“他们不愿移开是什么意思？叫他们移开。告诉他们立即右偏。”

信号发了出去：“右偏，右偏。”发回来的信号说：“你自己右偏。”

“我就不信。这是怎么了？让他们知道我是谁。”信号发出去：“这里是密苏里巨轮，请右偏。”信号发了回来：“这里是灯塔。”

的确，正确的原则犹如灯塔，他们不会移动。它们是自然法则，我们打破不了。我们要么让自己与它们相悖，要么去学习它们、调整它们、利用它

们并感激它们，然后我们自己得以发展，得以解放，得到使用这些原则的能力。

因此，年轻人，在社会生活中，不管干什么，都要有自己的原则。这里的原则既包括办事的方法，也包括为人、处事的立场、主见。如果一味地迁就、顺从别人，实际上是软弱的表现。做人不能没有原则。没有了做人的原则，也就没有了衡量对与错的尺度。关于这一点，稻盛和夫举出了这样一个例子："到现在为止，日本并没有从泡沫经济中挣扎出来。曾经有很多企业家，他们自以为发现了商机，以为房地产是块肥肉，于是，他们争先恐后地投资房地产，这的确是个暴利行业。他们仅仅转卖土地所有权，资产价值就不断飙升。为了获得更多的资金和使得土地升值，他们不断地从银行借贷，以投入到新的投资里。实际上，这种做法是不符合经济原则的。随着泡沫经济的崩溃，原本应该产生价值的资产突然变成负资产，很多企业因此背负不良债权。可能有人认为我之所以这样说是因为看到了结果，但是，如果拥有确切的原理原则和哲学，不论在何种状况中，都应该可以做出正确判断。"

稻盛和夫一直坚持自己的原则，所以，即使听说可以获取巨额投资利润，他也告诫自己"不可贪得无厌"，这一理念始终支撑着他，从来不曾动摇过。

从原则出发，任何一个年轻人，都应该视其为考虑问题的第一准备，实际上，除了稻盛和夫，在中国坚持为人处事原则的人就古已有之。

北宋时期著名的文学家和政治家晏殊，14 岁被地方官作为"神童"推荐给朝廷。他本来可以不参加科举考试便能得到官职，但他没有这样做，而是毅然参加了考试。事情十分凑巧，那次的考试题目是他曾经做过的，得到过好几位名师的指点。这样，他不费力气就从千多名考生中脱颖而出，并得到了皇帝的赞赏。但晏殊并没有因此而洋洋自得，相反他在接受皇帝的复试时，把情况如实地告诉了皇帝，并要求另出题目，当堂考他。皇帝与大臣们商议后出了一道难度更大的题目，让晏殊当堂作文。结果，他的文章又得到了皇帝的夸奖。晏殊当官后，每日办完公事，总是回到家里闭门读书。皇帝了解到这个情况，十分高兴，就点名让他做了太子手下的官员。当晏殊去向皇帝谢恩时，皇帝又称赞他能够闭门苦读。晏殊却说："我不是不想去宴饮游乐，只是因为家贫无钱，才不去参加。我是有愧于皇上的夸奖的。"皇帝又称赞他既有真实才学，又质朴诚实，是个难得的人才，过了几年便把他提拔上来，让他当了宰相。

晏殊为人诚实，表里如一，不弄虚作假，这是所有年轻人应该学习的。有人说，天下最糟糕的事就是不讲原则。不能否认，现实生活中有坚持原则、刚正不阿者命运坎坷，八面玲珑、圆滑世故者左右逢源的现象，但是，这只是一时的结果，对于人生来说，这一点甜头只会为日后种下苦果。

总之，年轻人应该谨记稻盛和夫的忠告，我们应随着时代的变迁而调整自我，但应信守不变的原则。在坚持自己原则的基础上，逐渐创立自己新的原则，使自己不断发展、不断完善。

抓住本质解决问题

生活中，我们可能都有这样的经历：我们习惯于在看问题时根据事情的发展方向思考，但实质上，我们思考得越远离事情的本源也就越远，解决问题的难度也就越大。而如果能追根溯源、找到问题的本质，那么，问题解决起来也就能得心应手。

事实上，年轻人，无论做什么，你都要有灵光的头脑，善于创造性思维，不能钻牛角尖。这条路走不通，不妨转换一下思维，何不尝试下反过来思考，先找问题的本质？思维一变天地宽，勤思考，善于逆向、转向和多向思维的人，总能找出解决问题的方法，总能以最少的力气做出最满意的效果。

稻盛和夫曾在《活法》中这样写到："真理是一根线织成的布。所以，所有事情越单纯就越接近它本来的状态，也就是说，越接近真理。用单纯的办

法去对待复杂的事情，这种思维方式是很重要的。正因为如此，我才能没有迷失方向，而是堂堂正正进行经营，并取得了最后的成功。”

现代社会，年轻人，无论你现在从事什么，都要脑子活。要培养自己多角度看问题的能力，解决问题前更要先找到问题的本质。

法国著名女高音歌唱家玛·迪梅普莱有一个美丽的私人园林。每到周末，总会有人到她的园林里去摘花，采蘑菇，有的甚至搭起帐篷，在草地上野营、野餐，弄得园林一片狼藉，脏乱不堪。

管家曾让人在园林四周围上篱笆，并竖起“私人园林，禁止入内”的木牌，但均无济于事，园林依然不断遭到践踏和破坏。于是，管家只得向主人请示。迪梅普莱听了管家的汇报后，让管家做几个大牌子立在各个路口，一面醒目地写明：如果在园林中被毒蛇咬伤，最近的医院距此 15 公里，驾车约半个小时才能到达。自此以后，再也没有人闯入她的园林。

园林还是那个园林，只是变了一个思路，保护园林的难题就解决了。这里，玛·迪梅普莱的做法可谓力度十足。人们对于警告置之不问，那么，如果你告诉他们擅闯园林可能被蛇咬伤，最终是没有人愿意冒这一危险的。

生活中，有些事情看似不可思议，看似复杂难解，但只要我们跳出习惯的思维框框，抓住问题的实质，就会得出异乎寻常的答案。

年轻人，头脑是一切竞争的核心，因为它不仅会催生出创意，指导实施，更会在根本上决定成功。它意味着改变外界事物的原动力。如果你希望改变自己的状况，获得进步，那么首先要从改变思维开始。我们在寻找解决问题的方法时往往倾向于把事情考虑得过于复杂，其实事情本质是很简单的。表面看上去很复杂的事情，其实也是由若干简单因素组合而成。

同样，运用灵活的思维模式，你会发现，在第三产业逐渐发达的今天，只要能感觉敏锐，并能有的放矢地解决问题，那么，即使你没有足够的物质后盾也能成功，也能获得财富。

日本有一家 SB 公司，生产的产品是咖喱粉。一段时间以来，这家公司的产品滞销，公司的经理一个个都“下了课”，连续换了三任经理。受命于危

难之中,第四任经理田中走马上任。他意识到公司的产品卖不出去的原因是顾客对 SB 公司的牌子很陌生,很难注意到有这种产品。由于没有足够的资金,大量做广告是不现实的,但是如果不拼死一搏去做广告,那也无异于坐以待毙。

经理田中终于想出了一个巧妙的方法……

几天之后,日本的几家大报,如《读卖新闻》、《朝日新闻》等刊登出了这样一条广告:

SB 公司专门生产优质的咖喱粉,为了提高产品的知名度,今决定雇数架直升飞机到白雪皑皑的富士山顶,然后把咖喱粉撒在山上。从此以后,我们看到的将不是白色的富士山,而只能看到咖喱粉的颜色了……

在日本,富士山是一大名胜,不仅在日本人心目中,在世界人的心目中,富士山都是日本的象征。在这样神圣的地方,居然有公司胆敢撒咖喱粉?真是岂有此理!

SB 公司的广告刚刚刊出,国内舆论一片哗然。很多人都知道这是 SB 公司故弄玄虚,但是对如此的言辞也是难以忍受,纷纷指责 SB 公司。本来名不见经传的 SB 公司,连续好多天在报纸、电视、电台等各种新闻媒体上成为大家攻击的对象。

在一片舆论的声讨声中,SB 公司的名声大振。临近 SB 公司广告中所说的在富士山撒咖喱粉的日子前一天,原先发表过 SB 公司广告的报纸都刊登出了 SB 公司的郑重声明:

鉴于社会各界的强烈反应,本公司决定取消原来在富士山顶撒咖喱粉的计划。

反对的人们欢庆自己的胜利,田中和 SB 公司的员工们也在欢庆他们的胜利。这样一番折腾,全日本的人都知道有一家生产咖喱粉的公司叫 SB 公司,并且错误地认为这家公司是一家实力超群、财大气粗的公司。很多小商小贩都纷纷投到 SB 公司的门下,大力推销 SB 公司的咖喱粉,SB 公司的咖喱粉一时间成了畅销产品。

这里，我们不得不佩服这位经理的智谋，在接手这家公司后，他很快认识到问题的实质在于公司知名度不高，在广告费不充足的情况下，他一反正常思维——在富士山上撒咖喱粉，为此，这家公司名声大振。

这里，我们看到了思维的力量，每一个年轻人也应该锻炼自己的头脑，扩展自己的眼光和思维。因为这是一个脑力制胜的年代，谁的想法更高明、更有效，谁就更容易提升自己的价值，获得财富的垂青。

年轻人不应拜金，但对财富的追求、对财富的渴望，却不可消失。这不仅仅是改善生活的需求，更是激发大脑潜能、调动大脑思维的最原始的动力。很多时候，一个金点子花费不多，却拥有点石成金的力量。只有看到别人看不到的东西的人，才能做到别人做不到的事。灵活的头脑和卓越的思维为我们提供了这种本领，深入地洞察每一个对象，就能在有限的时间成就一番可观的事业。

和谐共生：一切井然有序才能向好的方向前进

16

人生受“看不见的手”的驾驭。而且，“看不见的手”有两只，第一只手是命运，另外一只是从根本上掌控人生的无形巨手，即“因果报应的法则”。——稻盛和夫

稻盛和夫在他的《活法》一书中，从宇宙意志这样的高度出发，提出人类与世界的关系应该恪守“和谐共生”的原则。其实，生活中的年轻人，也应该谨记稻盛和夫的这一原则。因为无论生活还是工作，矛盾与不和谐因素的存在总会产生消极的、阻碍的作用。只有生活、工作上的事务都安排得井然有序、一直向好的方向行进，才能最终令成功在握！

协调事务，让一切步入正轨

曾经有这样一句名言："世界上只有两种物质：高效率和低效率；世界上只有两种人：高效率的人和低效率的人。"的确，生活中，我们每个人都在做事，但会不会做事、做事效率样如何却是不一样的。可以说，经营日本京瓷公司和DDI公司的稻盛和夫不仅是个踏实、务实的经营者，更是一个善于协调工作与生活的人，工作之余，他依然不忘坚持修行，而这样做，帮助他洗涤了心灵，使心灵和自然界获得了和谐。

年轻人，无论你现在从事什么样的工作，无论你处于什么样的职位，你如果希望自己能高效地工作、尽快步入人生正轨中，那么，你不仅要努力工作，还要懂得协调，协调工作与生活问题，协调工作内部问题等方面，做到一切井然有序。

我们先来看看这样一个案例：

小刘因为工作努力，年纪轻轻就当上了一家食品公司的车间主任。从事这个行业以来，他一直兢兢业业，也深受上级领导的赏识和信任，但他也有自己的苦恼：身为车间主任，原本他的工作是管理工人，但实际上，很多时候，面对工人们的懒惰他实在无法管理。

比如，上个星期一，他要去外地出差，临走之前，他交代员工要将客户催紧的一批货赶出来，并且要严把质量关。

小刘心想，在他回来之前这批货应该能出厂了，但情况再一次出乎他的意料，当他回到公司以后，发现这些工人们不但没有赶工，反倒忙自己的事情去了。气急了的他问员工小王："我交代你的事情你做好了吗？怎么有时间玩手机？"

"是吗？这批食品不一直都是A组负责吗？"小王很诧异地回答道。

小刘又找A组的小秦，没想到小秦的回答是："您出门之前不是找了B组的人谈话吗？"

此时的小刘已经什么都不想说了，现在他能做的，就是拖着疲惫的身体替员工干活。

小刘在管理下属的过程中，哪些地方出现了问题？

首先，他是一个管理者。什么叫管理者？通俗的说法是："管理者就是自己不干事，让别人拼命干事的人。"管理者要通过别人来进行工作，因为一个人的时间、知识和精力都是有限的。管理者即使自己可以更好、更快地完成工作，但问题在于你不可能亲自去做每一件事情。

其次，他在授权的时候，没有将责任明确化。这也是导致员工工作效率低下的主要原因。员工责任不明确的现象，这是信息不畅通的根本原因。中国人常说："一个和尚挑水喝，两个和尚抬水喝，三个和尚没水喝。"其寓意是：办一件事，如果没制度作保证，责任不落实，人多反而办不成事。三个和尚为什么没水喝？因为三个和尚属同一种心态，同一种思想境界，都不想出力，想依赖别人，在取水的问题上互相推诿，结果谁也不去取水，以致大家都没水喝。如果小刘在出差前能将具体的工作任务安排到每个人身上，比如，某位员工负责生产，某位员工负责质检等，那么，很多问题也就不会出现了。

归结为一点，这种问题的出现就是因为他没有协调好员工的工作与责任。

相比之下，我们再来看看丽萨是怎么做的：

丽萨是某公司的人力资源部的经理，长时间以来，她都将人力资源部管理得井井有条。无论是刚进公司的新人，还是已经在人力资源部的老员工，他们似乎都充满干劲。这些员工，每天都要与各式各样的人打交道，也都需要处理很多杂务，但他们毫无怨言。

很多高层管理者向丽萨取经，想知道她是如何管理的。丽萨的回答是："其实，任何一个人，每天面对同样一件工作都会枯燥的。所以，我经常在给

大家分配任务的时候，我并不会规定死时间，也不会每天把大家每天都关在办公室内，所以，您也发现了我的工作区域内经常看到的只是一部分员工。另外，我还鼓励大家交换工作，这样也有利于大家互相勉励。”

可以说，丽萨就是个很会协调工作的人，她能做到高屋建瓴，让其员工在制定的轨道上运行。

为此，年轻人，如果你是企业的经营者或者是管理者，那么，你就要仔细观察、经常调整，以防止员工出现偏误。若你在稳定的大企业中，你要多注意员工的各种变化，在基本管理框架内灵活地运用各种技巧管理下属。对于活跃的中小企业，你的责任更加繁重，你不仅不能墨守成规地管理下属，也不能用固定的模式去设计企业的蓝图。

当然，协调好工作不仅能节省精力，还能帮助你提高工作效率。要知道，时间在现代社会里已成为一种有限的资源，对于领导者而言，就应该像对待土地、矿产、资金、人才一样做好时间的使用规划。年轻人，你要明白时间观念的改变，会使一个人的生活更丰富、更充实，在管理时间、利用时间的过程中，你的做事效率必定也会有一个很大的提升。

提高做事效率，其中重要的一项是提高执行力。要提高执行力就要做到加强学习，更新观念。日常工作中，我们在执行某项任务时，总会遇到一些问题。对待问题有两种选择，一种是不怕问题，想方设法解决问题，千方百计消灭问题，结果是圆满完成任务；一种是面对问题，一筹莫展，不思进取，结果是问题依然存在，任务也不会完成。

反思对待问题的两种选择和两种结果，我们会不由自主地问到，同是一项工作，为什么有的人能够做得很好，有的人却做不到呢？关键是一个思想观念认识和对待时间的态度。

诺斯古德·帕金森是英国著名的历史学家，他在分析了为何“大型组织大而无当，毫无生气”时，指出：“事情增加是为了填满完成工作所剩的多余时间。”这个定律告诉我们，工作效率低是因为我们给了这个工作太多的时间。

帕金森描述了一位老太太花了一整天时间寄一张明信片给她侄女的过程：花一个小时找那张明信片；花一个小时找眼镜；花半个小时查地址；花一个半小时写明信片；用20分钟考虑寄信时要不要带伞。就这样，一个人只需花3分钟就能干完的事情，却让另一个人花了一整天时间才干完，并且犹豫不决，疲惫不堪。

从这个实验中，帕金森得出结论：做一份工作所需要的时间、精力、资源与工作本身并没有太大的关系，一件事情膨胀出来的重要性和复杂性与完成这件事花的时间成正比。换句话说，如果你给自己太多时间完成一件工作，那么，不仅不能提高效率，反而会容易使人懒散，缺乏工作激情。

曾经还有个实验，面对一个平均学习成绩很低的儿童，家长准备让他专修学分最低的功课，但儿童心理学家却提出了完全相反的意见——建议他多修一些课。结果出乎大家意料，这个学生多修课后，所有功课成绩不降反升。事实上，这个学生要做的就是打起精神，提高学习效率。

的确，时间对于每一个人来说，都是无法挽留的。它就像东逝之水，一去不复返。当一天结束时，时间不会留作明天待用。一个有所作为的人，必须学会有效地安排时间，有效地利用时间，更为重要的是优化自己的时间观念，提升自己的做事效率。

我们常说，观念决定思路，思路决定出路。对待一件事情，一堆事情，一天的事情，甚至是更为长远的规划。年轻人，你若能做到帕金森那样对利用时间、提高效率有如此清晰的认识，你投资大脑的工作就取得了卓越的成效，你将取得可喜的转变。

善于条理化，拒绝杂乱

生活中，我们发现，有一种人，他们总是忙得喘不过气来，他经营着自己

的公司，公司规模很大，但是开支更大；他老是忙碌，甚至没有时间可以把手头的东西安置好，即使有时间，他也不知道应该安置在什么地方好。他的工作没有纲领，没有计划，缺乏系统和处置事务的能力，事务因此常常一团糟。其他人也是人人为己，各不相干；还有一种人，从来不见得忙碌，老是平静、安详、不慌张。在他的公司中、办公室中，一切都有条不紊。大家似乎个个不忙碌，然而事务却进行得很顺利，没有混乱、没有矛盾的工作和不必要的重复，工作被系统化。他的营业额，虽大过于前述人的百倍，但一切事务都按着程序进行，井井有条，规律得像钟表转动一样。

年轻人，如果你也忙于工作，你更愿意做哪一种人？当然是后者。可能每个年轻人都感叹于稻盛和夫式的成功，但你知道稻盛和夫是如何工作的吗？他的成功来自于这样一个公式：超越自我的铁律：成功 = 思维 + 效率 + 激情 + 斗志。从这里，我们看到了效率这一条，的确，稻盛和夫是个善于将工作条理化的人，他拒绝杂乱无章。因为无论是工作还是生活，只有一切妥善安排才能衔接有序，不至于混乱。

我们不妨先来看下面一个故事：

麦肯是一家大型民营企业的老板，在他的手下有好几个部门经理。这些部门经理都是当初和他一起创业的同伴，但企业进入稳定期之后，他觉得有必要让这些部门经理互相牵制，否则，很可能会造成越权而威胁到自己地位的情况。

于是，在公司，他实行了一套协商制工作原则，也就是无论公司的任何一项事宜都必须由五个经理一起讨论才能通过。在麦肯看来，这是一项天衣无缝的计划，但很快，经过事实证明，他忽视了更多的问题。

有一次，市场业务人员联系了一个大客户，可以说，这个客户是否签订协议关系到整个公司下半年的业务问题。很快，麦肯召集了这五位经理，研制出了一套说服客户的方法，这其中有价格优势、售后保障、技术提供等。在拟定合同之后，麦肯满怀信心地赴对方公司。但令麦肯不解的是，对方负责人在看完合同之后，摇了摇头。

事后,麦肯分析了一下事情的前因后果,他恍然大悟,原来整个合同中都没提到对方最重视的一点——质量保证,而这一点,恰好是这五位经理管辖范围之外的。

这个故事中,可能我们也为麦肯的失误而感到懊恼,这里,他的错误就在于他把管理精力过多地放在牵制各部门经理上,而忽略了任何一笔生意中产品质量才是前提,只有将把握产品质量关、价格、售后等各个方面结合在一起,才能真正打动客户,才能为企业带来效益。

年轻人呢,可能你也会时常困惑:工作很忙,却不尽如意;做了不少事,却没有做得很好……那么,从这里,你应该能找到答案:许多时候工作成绩不理想,并非我们缺少努力,而是缺乏条理。因此,你应该能受到启发,生活总是充满无限的机会,任何时候,我们都应该学会积极面对、认真计划,以不懈的努力书写精彩!

工作不系统,缺乏条理,常常使人效率不高,不得其道,屡屡出错,难有成就。相反,条理清晰不仅能提高工作效率,使工作得心应手,轻松自如,同时也能使我们的生活充满闲情逸致。

我们时常感叹时间过得太快,处理一项工作时间太紧。时间过去一大半,但工作依然进展不大,甚至是毫无头绪。出现问题的关键通常不是时间太少,而是工作无计划、条理不清晰、办事不得当造成工作中的低效率。抱怨工作太多、太杂、太乱,实际上是由于不善于制订日程表,不能安排好日常工作,抓住毫无意义的事情不放,人为地制造忙乱。雨果曾说:“有些人每天早上预定好一天的工作,然后照此实行。他们是有效地利用时间的人。而那些平时毫无计划、遇事现打主意过日子的人,只有‘混乱’二字。”工作日程安排不好,也就谈不上有条理,更会给工作的执行带来不小的麻烦。

没有条理,无论做什么,都无功效可言;纵使才能平常,只要有条不紊加以对待,同样可以取得相当的成就。

合理的计划、有效的安排会让人做事从容自如,走向成功。

俄罗斯女子撑杆跳高名将伊辛巴耶娃在比赛上有两个特点:一是她在

比赛每次试跳之前喜欢将自己用被子罩住，然后在里面做身体调整；二是每次破纪录都是提高1厘米。这两个特点也成了她在比赛中的重要“环节”。

北京奥运会女子撑杆跳高中，伊辛巴耶娃虽然在前几跳尝试打破世界纪录未获成功，但还是按照自己的方法进行准备。在最后一次试跳前，她习惯的用被子盖住自己进行调整，两分多钟后，她再次登场，一跳成功！第24次刷新了世界纪录，又一次将世界纪录提高了1厘米。

她每次破纪录都是提高1厘米，据说是为了多拿奖金，特别是在田径黄金联赛上，每次打破世界纪录，都能拿到一笔奖金。她还有一个梦想是超过布勃卡打破32次世界纪录的纪录。按照她自己的计划安排，她收获了一个又一个成功，向着自己的梦想不断接近。

把工作安排得更有条理是我们能够很好完成更多工作的关键。如何使工作变得更有条理呢？

让工作更有条理，并不复杂或困难。大多数人心里都很清楚，自己该怎么做才能完成更多工作。难就难在，如何实施这些构想和计划，让工作有条有理，完成得更好。效率高的人，会不断找各种方法克服混乱、全心处理重要工作、精简作业、避免浪费时间，从而妥善管理各项工作。要想轻松做好工作，取得成效，不妨从以下几方面入手：

首先，制定计划，凡事分轻重缓急。秉持“要事第一，急事优先，拒绝琐事”的原则，每天工作前先列出当天的工作目标，然后按照事情的大小与紧迫度进行逐一落实。

其次，明确办事目的，弄清楚自己的主要工作，不要眉毛胡子一把抓。

再次，善于做总结。每天工作结束后，都要回顾当天工作的完成情况，然后做好工作总结。

当然，一个人在一天不同时间段，精力也各不相同，因此，每个人还从自己的具体情况出发，把工作效率最高、能动性最强的那段最佳时间做最重要的事。简言之，在适当的时候以正确的方式做合适的事。

人的能力有限，我们可能无法超越某些限度，但年轻人，若你能够对工作事先做到认真思考、慎重研究、合理计划、统筹安排，加上严格执行，相信在出色做好工作的过程中一定能够事半功倍，我们的人生也一定会更加精彩！

创造和谐才能更为顺利

现代社会，我们常强调一个主题——和谐，但实际上，在追求和谐这一终极目标的过程中，总是不可避免地会出现一些矛盾，人类社会也总是在矛盾运动中发展进步的。同样，任何一个人，在处理个人事务或者经营企业的过程中，也不可能总是和谐的。对此，我们只有及时消除这些不和谐因素，努力创建和谐才能更为顺利。

初入社会的年轻人难免欠成熟，在处理事务的过程中难免会出现一些问题，因此，你也应把创造和谐作为人生奋斗的目标之一。

稻盛和夫白手起家创造两家世界级500强公司，已经是个“古老”的传说。可是他只身拯救日航，却是发生在我们每个人眼皮底下的事情。2010年2月1日，稻盛接盘申请破产保护的日航，截至2011年3月，日航盈利创造全球航空公司第一的纪录。那么，稻盛和夫是怎么做到的呢？

稻盛和夫在接受日航前，日航的情况不容乐观，公司人才流失、管理松散、员工无心工作，马上面临倒闭。此时，稻盛和夫出现了，在日航，他以一个不懂行的老人的身份从起步开始学起，学习航空业管理。

接下来，他进行了一次大整顿，他砍掉了50%的航线，因为亏本的行业就是冗余的。这个决定难下，因为砍掉航线意味着另一个工作的开始——裁员，这是大多数日本人最难面对的现实，他们可以没多少钱，但不能失业。

因此，稻盛和夫实施了一个英明的举措，为失业者重新安排岗位，他发动了日本的6000多家企业，积极为这些下岗员工安排再就业的问题。因此，

虽然他裁员17000名，但只有170人没有工作。当然，这170人是因为自己的原因而导致没有被安排。稻盛和夫对走的人说，你们是拯救日航的功臣，你们做出了巨大的牺牲，让日航赢得了重新上路的机会。这些工人有工作、有津贴，自然不会出乱子。稻盛和夫跟日航人共同发誓，争取早一天让那些下岗的人回来。

整合日航还有个重难点，稻盛和夫需要做的是把他的改革思维贯彻到每一个一线员工中去，这也是很多企业家遇到的问题，但稻盛和夫却轻轻松松地解决了。工作之余，只要他能抽出时间，他就走到一线员工中去，跟他们交流、握手、倾听。这是他“接地气”的主要方式。在3个月的时间内，他与所有日航的员工见面、握手、打招呼。

因此，我们不难发现，稻盛和夫接手日航后，之所以有如此成就就是因为他做到了：积极消除企业内的众多不和谐因素——冗余人员和涣散的人心，并且人性化的管理方法、与员工心与心的交流都是构建和谐企业环境的重要方式。

年轻人，从稻盛和夫的这一经验中，你也应该有所启发，在追求成功的路上，也应当以“和谐”为目标，只有实现和谐，一切因素才会发挥最大效用，成功之路才会更平坦。

与稻盛和夫不同的是，现代社会，很多年轻的企业经营者，因为没有认识到和谐对于企业经营的重要性而让问题层出不穷。

小王是一名技术员，自从大学毕业后，他一直在一家民营公司工作，最近，逐渐打听到昔日同学好友的工资都比他高，职位晋升也比自己要快，心理不平衡，于是给总经理写了一封信，投到公司意见箱内。

尊敬的总经理：

我是去年七月毕业来公司的大学生，来公司后，我发现我们公司的工资相比本市其他公司来说偏低，同时，员工的晋升相比同类企业也相对缓慢。我们这批员工对此现象表示强烈不满，我代表大家正式给您提出这个问题，希望公司给我们一个解决方案……

从这封信中，我们能看到很多企业内部不和谐的原因的缩影——利益矛盾。这正如马克思指出："人们奋斗所争取的一切，都同自己的利益有关。"几乎所有矛盾都含有利益关系，利益矛盾是一切矛盾的总根源。企业内部矛盾说到底就是员工内部的利益分配。利益矛盾制约、影响着企业内部其他各类矛盾，是起主导作用的矛盾。

当然，引起企业内部不和谐的原因还有很多，但关键是处理企业内部的利益矛盾。收入差距拉大是利益矛盾的突出表现，是构建和谐企业的最大挑战。收入分配不公导致企业高度分化，如果不能加以有效纠正，将成为各种矛盾最主要的源头，企业稳定就会成为大问题。因此，我们绝对不能忽视利益矛盾，一定要正确加以处理。

因此，年轻人，若你是企业的经营者，要保持企业和谐的总的基调，就要及时、尽力消除不和谐因素，努力构建和谐企业。然而，构建企业既要注重行业内部的和谐，妥善处理好行业内部各方面的关系，也要把着力点放在企业如何协调处理与社会各方面的关系上，促进企业与整个社会的和谐。因此，领导者构建和谐企业，内部和谐是基础，外部和谐是关键。脱离了内部和谐这个基础，其他的一切也只能是水中月、镜中花。

当然，不仅是经营企业过程中会出现这些不和谐因素，在经营人生、追求成功中也会出现，但无论是何种不和谐，作为年轻人，都应该做到反应灵敏、确保事件能被遏制住，而即使发生也能得到有效控制，对主要问题和矛盾能够合理合法解决，从而保证自身的稳定发展。

向好的方向行进，最终会收获累累硕果

我们都知道，在人生道路上，困难和挫折是难免的，尤其是人生旅途才刚开始的年轻人，更要有心理准备，无论是个人还是家庭，都可能会起起伏

伏，我们无法预料，但是有一点我们一定要牢牢记住：永不绝望。当你遇到逆境时，千万不要忧郁沮丧，无论发生什么事情，无论你有多么痛苦，都不要整天沉溺其中无法自拔，不要让痛苦占据你的心灵。困难来临时，我们要有勇气直面并且做到一直向好的方向行进，这才是一种努力达到和谐的状态，那么，你最终将战胜困难。

对此，稻盛和夫说："对于任何事情，都要认真去面对、接受挑战——这也是'置之死地而后生'，也就是说，面对困难不逃避，直面应对。"他认为，面对困难，我们是视而不见、回避推诿，还是不折不挠、直面应对，这是能否取得巨大成功的分道标。

他把这种情况解释为"神灵的细语启示"。他感觉到连上帝都同情那些吃苦耐劳、拼命努力的人，向他们伸出援手，作为回报。为此，在经营企业的过程中，他时常激励员工："加油！加油！直到上帝都想伸手支援为止。"

只要信念还在，希望就在。许多人一旦陷入困境就悲观失望，并给自己施加很大的压力，其实，这时应告诉自己，困境是另一种希望的开始，它往往预示着明天的好运气。因此，你只要放松自己，告诉自己希望是无所不在的，再大的困难也会变得渺小。可以说，这也是一种"和谐"的心态，如果你认为前方路途是好的，那么，你就能朝着这一好的方向行进，并最终看到曙光。

魏尔仑说："希望犹如日光，两者皆以光明取胜。前者是荒芜之心的神圣美梦，后者使泥水浮现耀眼的金光。"希望给人以坚定的信念，心中没有希望就不会耐心地等待，最美好的希望往往产生于最无望的逆境中。

人一生不可能常处顺境，有时候你会被淘汰出局，只要你继续参加比赛，就有希望存在，总会获得让你满意的成绩。天才未必就能富有，最聪明的人也不一定幸福，想要摆脱人生的困境，你要记住让希望的阳光照进心田，要努力拯救自己摆脱困境。

当然，信念只是起到支持行动的作用，要走出困境，关键还在于我们自己。古语云："自助者，天助之。"把别人的帮助当做希望，往往只是一种被动

的奢求,外界的帮助使人更加脆弱,自助却使人得到恒久的鼓励。

有一个穷人为农场主做事。有一次,穷人在擦桌子时不小心碰碎了农场主一只十分珍贵的花瓶。

农场主向穷人索赔,穷人哪里能赔得起,最后被逼无奈,只好去教堂向神父讨主意。神父说:“听说有一种能将破碎的花瓶粘起来的技术,你不如去学这种技术,只要将农场主的花瓶粘得完好如初,不就可以了?”

穷人听了直摇头,说:“哪里会有这样神奇的技术?将一个破花瓶粘得完好如初,这是不可能的。”神父说:“这样吧,教堂后面有个石壁,上帝就待在那里,只要你对着石壁大声说话,上帝就会答应你的。”

于是,穷人来到石壁前,对石壁说:“上帝请您帮助我,只要您帮助我,我相信我能将花瓶粘好。”话音刚落,上帝就回答了他:“能将花瓶粘好,能将花瓶粘好……”

穷人听后希望倍增、信心百倍,于是辞别神父,去学粘花瓶的技术去了。

一年以后,这个穷人通过认真地学习和不懈地努力,终于掌握了将破花瓶粘得天衣无缝的本领。他真的将那只破花瓶粘得像没破碎时一般,还给了农场主,所以他要感谢上帝。神父将他领到了那座石壁前,笑着说:“你不用感谢上帝,你要感谢就感谢你自己。其实这里根本就没有上帝,这块石壁只不过是块回音壁,你所听到的上帝的声音其实就是你自己的声音。你就是你自己的上帝。”

年轻人在深处困境时,要记住,没有人能解救你,除了自己拯救自己。其实,每个人都有拯救自己的能力,许多人走不出人生或大或小的各种阴影,是因为他们没有耐心找准一个方向坚持走下去,直到眼前出现新的洞天。

身处困境中,我们每个人都会心存不快,甚至抱怨命运的不公,但年轻的你,不正是因为这些折磨和困难才成长得更为历练吗?因为人们驾驭生活的能力是从困境生活中磨砺出来的。和世间任何事件一样,苦难也具有两重性,一方面它是障碍,要排除它必须花费更多的力量和时间;另一方面它又是一种肥料，在解决它的过程中能够使人更好地锻炼提高。

当然，遇到困境，年轻人，你不仅要明白，自助很重要，还必须积极行动，正如稻盛和夫所说："若没有满腔的热情，即使能力强、思维方式正确都不能结出硕果，即使写出非常缜密、优秀的剧本也无济于事。所以，要让这台戏更真实、更好看，'极认真'的热情是必需的。"因为，无论什么事都要有必胜的迫切心情，再加上单纯朴实地对待万物的谦虚态度——就能找到平日可能忽视的解决问题的线索。

很久很久以前，有一个养蚌人，他想培育一颗世界上最大最美的珍珠。

他去大海的沙滩上挑选沙粒，并且一颗一颗地问它们，愿不愿意变成珍珠。那些被问到的沙粒，都摇头说不愿意。养蚌人从清晨问到黄昏，得到的都是同样的答案，他快要绝望了。

就在这时，有一粒沙子答应了。因为，它一直想成为一颗珍珠。

旁边的沙粒都嘲笑它，说它太傻，去蚌壳里住，远离亲人和朋友，见不到阳光、雨露、明月、清风，甚至还缺少空气，只能与黑暗、潮湿、寒冷、孤寂为伍，多么不值得！

那颗沙子还是无怨无悔地随养蚌人去了。

斗转星移，几年过去了，那粒沙子已经变成一颗晶莹剔透、价值连城的珍珠，而曾经嘲笑它的那些伙伴们有的依然是海滩上平凡的沙粒，有的已化为尘埃。

如果说这世上有"点石成金术"的话，那就是"艰辛"。你忍耐着，坚持着，当走完黑暗与苦难的隧道之后，就会惊讶地发现，平凡如沙子的你不知不觉中已长成了一颗珍珠。

每一个年轻人都要记住：逆境总是吞噬意志薄弱的失败者，却常常造就毅力超群的事业成功者。逆境是魔鬼，它夺走了你的光明；逆境也是天使，它是一座深不可测的宝藏。要在逆境中赶走魔鬼、拥抱天使，最终达到和谐的人生状态，那么，最重要的美德就是满怀希望并坚韧不拔地行进！

参考文献

[1]稻盛和夫. 稻盛和夫自传[M]. 北京:华文出版社,2010.

[2]稻盛和夫. 干法[M]. 北京:华文出版社,2010.

[3]王育琨. 垂直攀登:稻盛和夫的生命智慧与经营哲学[M]. 北京:机械工业出版社,2012.